# 自动控制原理实验指导书

ZIDONG KONGZHI YUANLI
SHIYAN ZHIDAOSHU

傅海军　李天宁　主编

江苏大学出版社
JIANGSU UNIVERSITY PRESS
镇　江

**图书在版编目(CIP)数据**

自动控制原理实验指导书 / 傅海军，李天宁主编
. — 镇江 ：江苏大学出版社，2023.11
ISBN 978-7-5684-2044-0

Ⅰ. ①自… Ⅱ. ①傅… ②李… Ⅲ. ①自动控制理论—实验—教学参考资料 Ⅳ. ①TP13—33

中国国家版本馆 CIP 数据核字(2023)第 206213 号

**自动控制原理实验指导书**

主　　编/傅海军　李天宁
责任编辑/徐　婷
出版发行/江苏大学出版社
地　　址/江苏省镇江市京口区学府路 301 号(邮编：212013)
电　　话/0511-84446464(传真)
网　　址/http://press.ujs.edu.cn
排　　版/镇江市江东印刷有限责任公司
印　　刷/江苏凤凰数码印务有限公司
开　　本/710 mm×1 000 mm　1/16
印　　张/8.5
字　　数/160 千字
版　　次/2023 年 11 月第 1 版
印　　次/2023 年 11 月第 1 次印刷
书　　号/ISBN 978-7-5684-2044-0
定　　价/32.00 元

如有印装质量问题请与本社营销部联系(电话:0511-84440882)

# 前　言

“自动控制原理”作为自动化、电气工程及其自动化、电子信息工程、农业电气化、建筑电气与智能化、车辆工程、材料成型及控制工程等工科类专业的专业基础课程，在教学中占有重要地位。该课程具有很强的理论性和实践性，因此加强实验教学，有助于提升课程的教学效果。

本书作为“自动控制原理”课程的配套实验和实践教材，以“自动控制原理”课程教学大纲为基础，结合作者多年教学研究和实践经验，精心设计了7个基础性实验和3个综合系统设计项目，较为全面地覆盖了经典控制理论知识的重点和难点，可指导学生完成课程实验和课程设计。

本书共分为3章。

第1章介绍了自动控制原理实践操作所用到的实验平台和仿真软件，详细介绍了LabACTn型自动控制原理及计算机控制技术实验箱的组成和操作方法，简要介绍了MATLAB/Simulink集成仿真软件。

第2章为原理性实验部分，按照自动控制原理知识体系，分别介绍了时域分析法、频域分析法和系统校正等实验内容，并从软、硬件实验平台两个角度出发，设计了7个模拟电路实验和7个软件仿真实验。模拟电路实验采用LabACTn型自动控制原理及计算机控制技术实验箱（以下简称“LabACTn实验箱”），软件仿真实验采用MATLAB/Simulink集成仿真软件。每个实验项目都包含了实验目的、实验内容、实验步骤和实验报告要求等。通过软、硬件结合的实验方式，学生在模拟电路设计与调试、实验数据获取和分析、软件基本操作等方面得到训练，从而提高了科学实验能力。

第3章为控制系统综合设计部分，利用MATLAB/Simulink集成仿真软件对控制系统所涉及的控制器进行设计仿真，主要包括直流电机转速控制系统、保温箱温度控制系统及水箱液位控制系统。这3个控制系统是工业生产中的三大典型控制系统，以PID控制为主，学生根据本书的设计指导可初步掌握调试PID参数的方法。

本书是江苏省在线开放课程“智能制造与控制工程基础”的成果之一，是朱孝勇、傅海军主编的《控制工程基础》，刘国海、杨年法主编的《自动控制原理（第2版）》的配套实验教材。

本书由傅海军、李天宁编写，由傅海军统稿，在编写过程中得到了许多专家和老师的大力支持和帮助，在此对他们表示衷心的感谢。由于编者水平有限，书中不足之处在所难免，恳请读者批评指正，联系邮箱为 ltn@ujs.edu.cn。

编　者

2023 年 8 月

# 目　录

# 第 1 章　实验平台和仿真软件简介

## 1.1　自动控制原理实验平台

自动控制原理实验平台由上位 PC(含实验系统上位机软件)、LabACTn 实验箱、USB 转串行通信线等组成。

### 1.1.1　LabACTn 实验箱概述

LabACTn 实验箱面板如图 1-1-1 所示。按照功能不同,可将实验箱面板划分为不同的实验区,其组成见表 1-1-1。

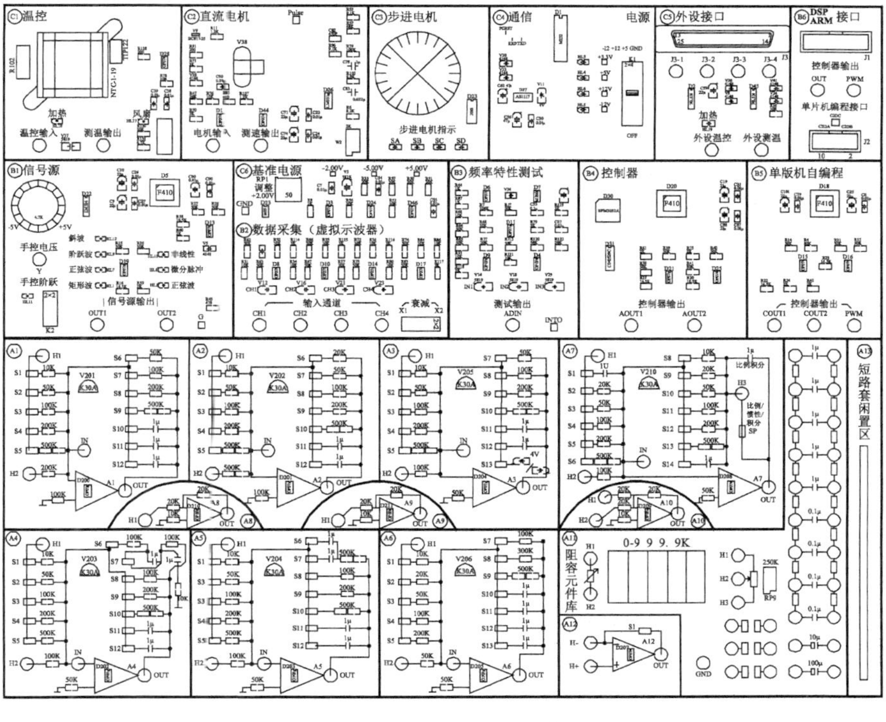


图 1-1-1　LabACTn 实验箱面板

**表 1-1-1 实验区划分及组成**

| 实验区 | 名称 | 组成 | 编号 |
|---|---|---|---|
| A | 模拟实验对象模块 | 7 个模拟实验对象模块，每个模块由运算放大器、电阻和电容构成 | A1～A7 |
| | 模拟运算扩展库 | 3 个反相模拟运算模块(A8～A10)，1 个放大器(A12)，1 个 0～999.9 kΩ 的直读式可变电阻、1 个电位器及多个电容(A11) | A8～A12 |
| B | 信号源模块 | 单信号源：矩形波、正弦波、阶跃波、方波、斜坡<br>复式信号源：矩形波+手控阶跃、矩形波+正弦波+手控阶跃、矩形波+矩形波+手控阶跃、正弦波+微分脉冲、正弦波+正弦波、手控阶跃+非线性环节<br>非线性环节：继电特性、饱和特性、死区特性、间隙特性和延迟特性环节<br>手控可调连续电压信号：-5～+5 V | B1 |
| | 数据采集模块(虚拟示波器) | 4 个模拟信号输入通道 CH1～CH4，其中 CH1～CH3 为不衰减输入，CH4 为可衰减输入(为原输入的 1/2) | B2 |
| | 频率特性测试模块 | 频率特性测试端口 ADIN | B3 |
| | 控制器模块 | 由单片机和运算放大器组成，有 AOUT1 和 AOUT2 两个插孔，用作控制器输出，实现虚拟示波器显示数据的采集 | B4 |
| | 单片机自编程模块 | 有 COUT1 和 COUT2 两个插孔，用作控制器输出；有 PWM 插孔，用作控制器 PWM 输出 | B5 |
| | DSP、ARM 接口模块 | 有 OUT 插孔，用作控制器输出；有 PWM 插孔，用作控制器 PWM 输出 | B6 |
| C | 温控模块 | 模拟电压加热和 PWM 控制加热，热敏电阻测温 | C1 |
| | 直流电机模块 | Y500-12560 直流电机，直流电压驱动，脉冲测速及电压测速输出 | C2 |
| | 步进电机模块 | BY35L-4801 步进电机，4 个指示灯同步显示各相驱动信号的状态 | C3 |
| | 通信及电源模块 | RS232 串口，±12 V、+5 V 及+3.3 V 电源 | C4 |
| | 外设接口模块 | 6 路开关量输入和 8 路开关量输出，1 路测温传感器输入 | C5 |
| | 基准电源模块 | 提供+2.00 V 和±5.00 V 基准电压 | C6 |

### 1.1.2　实验区简介

#### 1.1.2.1　实验区 A

(1) 模拟实验对象模块(A1~A7)

模拟实验对象模块 A1~A7 的布置如图 1-1-1 所示,它可配置成各种参数的惯性被控对象、积分被控对象、比例积分被控对象、比例微分/惯性被控对象、比例/积分/微分被控对象及比例被控对象。

图 1-1-1 中,S1~S14 均为跨接座,当用户选中模拟实验对象模块的某一参数的电阻、电容作为输入回路和反馈回路构成一个模拟电路时,在该元件的左边相对应的跨接座上插上黄色短路套即可,操作简单。

7 个模拟实验对象模块的实现原理基本相同,只是运放各输入回路及反馈回路引入的电阻、电容的参数和连接方式各不相同。7 个模拟实验对象模块的各参数已经合理设计,组合使用可以满足本实验指导书中提出的全部实验要求,而无须外接电阻或电容,有效地简化了实验操作。

各信号接入点及输出点均引出标准插孔供接线使用。H1、H2 为模拟实验对象模块的输入插孔,IN 为运算放大器的负端输入(反馈与输入相加点)插孔,OUT 为模拟实验对象模块的输出插孔。

A7 模块兼作校正网络库,在不同的跨接座上插上黄色短路套,即可构成比例环节、惯性环节、积分环节、比例积分环节、比例微分环节、比例微分积分环节,用户可按不同的需求构成各种校正环节。

(2) 模拟运算扩展库(A8~A12)

模拟运算扩展库由 3 个反相模拟运算模块(A8~A10),1 个放大器(A12),1 个 0~999.9 kΩ 的直读式可变电阻、1 个电位器及多个电容(A11)组成,其布置如图 1-1-1 所示,可以灵活搭建多种不同参数的系统。

#### 1.1.2.2　实验区 B

(1) 信号源模块(B1)

信号源模块主要由单片机和运算放大器组成,其布置如图 1-1-2 所示。信号源输出的类别及参数由用户在上位机软件界面中设定。

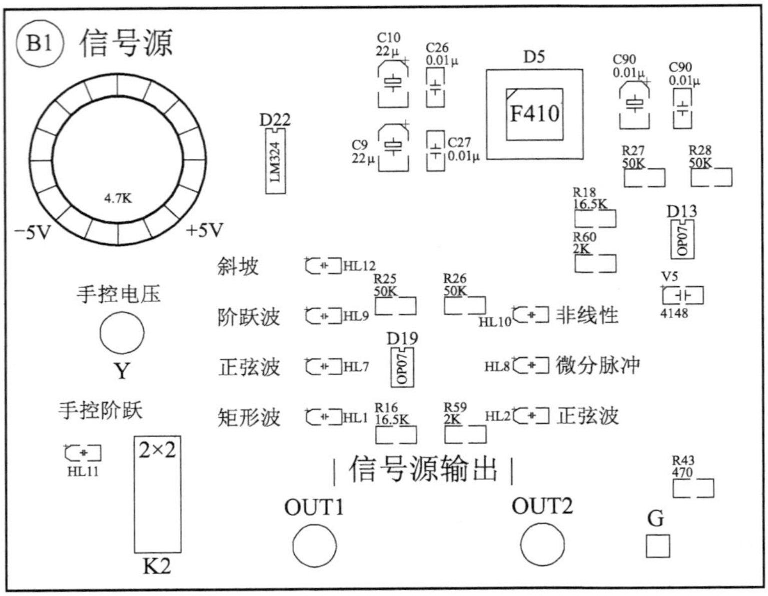


**图 1-1-2　信号源模块布置图**

信号源模块有 OUT1 和 OUT2 两个插孔,可选作单信号源,包括矩形波、正弦波、阶跃波、方波、斜坡;也可选作复式信号源,包括矩形波+手控阶跃、矩形波+正弦波+手控阶跃、矩形波+矩形波+手控阶跃、正弦波+微分脉冲、正弦波+正弦波、手控阶跃+非线性环节。

非线性环节有继电特性、饱和特性、死区特性、间隙特性和延迟特性环节。

此外,信号源模块还有手控可调连续电压信号:−5～+5 V。

(2) 数据采集模块(B2)

数据采集模块(虚拟示波器)提供了 4 个模拟信号输入通道 CH1～CH4,配合上位机软件的示波器界面,可以实现波形的显示、存储,可以有效地观察实验中各点信号的波形,其布置如图 1-1-3 所示。

模拟信号输入通道中,3 路(CH1～CH3)为不衰减输入,1 路(CH4)配有量程开关,当量程开关拨到×1 位置时,表示输入不衰减,输入范围为−5～+5 V,如果超出此范围,应把量程开关拨到×2 位置,输入可衰减为原来的 1/2。

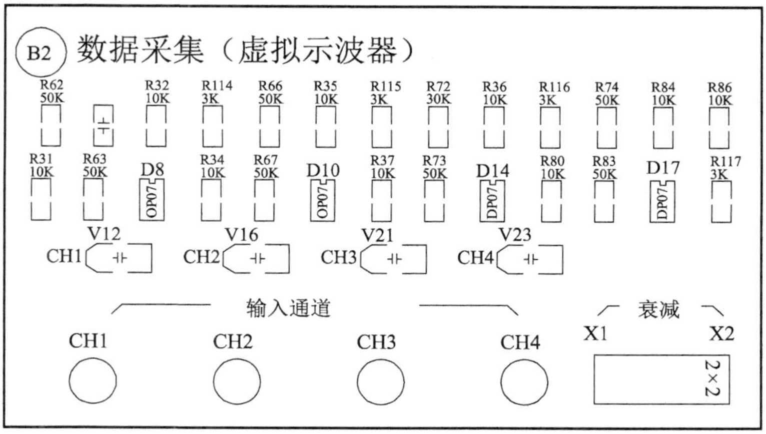


**图 1-1-3　数据采集模块(虚拟示波器)布置图**

(3) 频率特性测试模块(B3)

频率特性测试模块针对被测信号设置 ADIN 插孔,其布置如图 1-1-4 所示。

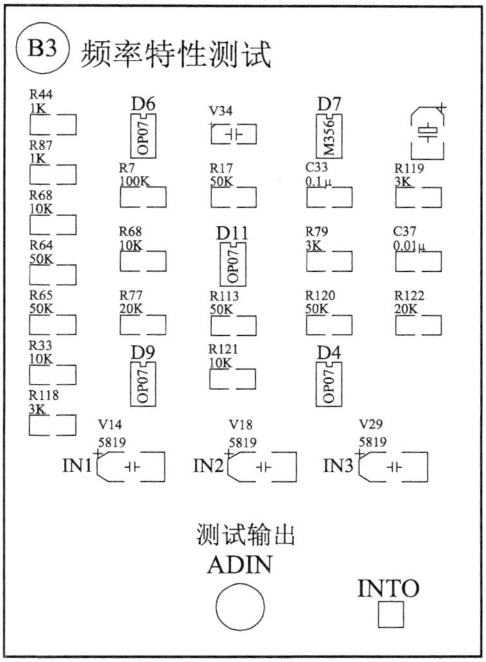


**图 1-1-4　频率特性测试模块布置图**

(4) 控制器模块(B4)

控制器由单片机和运算放大器组成,为实验机的主控微处理机,作用是完成系统管理,实现与上位机的通信(RS232 串口通信)以及与各微处理机间的通信(SMBus-$I^2C$),其布置如图 1-1-5 所示。其中,在计算机控制时,AOUT1 和 AOUT2 两个插孔用作控制器输出,实现虚拟示波器显示数据的采集。

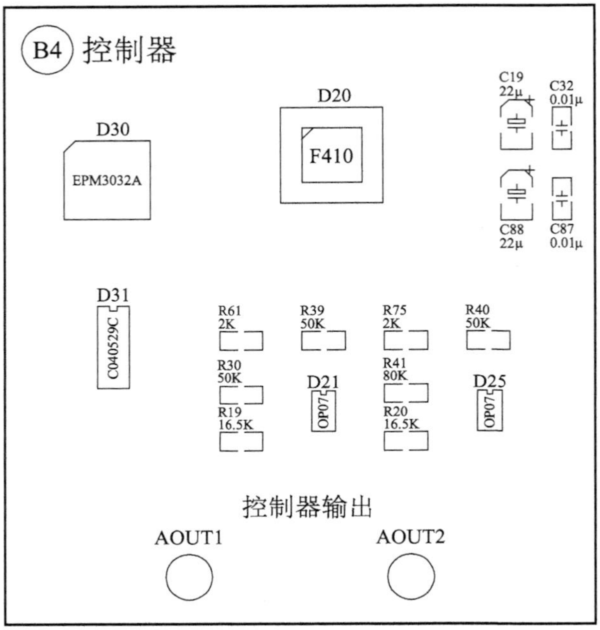


**图 1-1-5　控制器模块布置图**

(5) 单片机自编程模块(B5)

单片机自编程模块的布置如图 1-1-6 所示。其中,COUT1 和 COUT2 两个插孔用作控制器输出,PWM 插孔用作控制器 PWM 输出。

(6) DSP、ARM 接口模块(B6)

DSP、ARM 接口模块用于与 DSP 和 ARM 进行连接,其布置如图 1-1-7 所示。其中,OUT 插孔用作控制器输出,PWM 插孔用作控制器 PWM 输出。

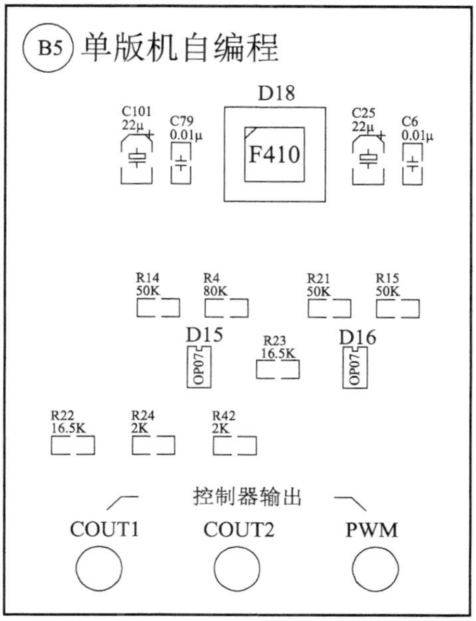


图 1-1-6　单片机自编程模块布置图

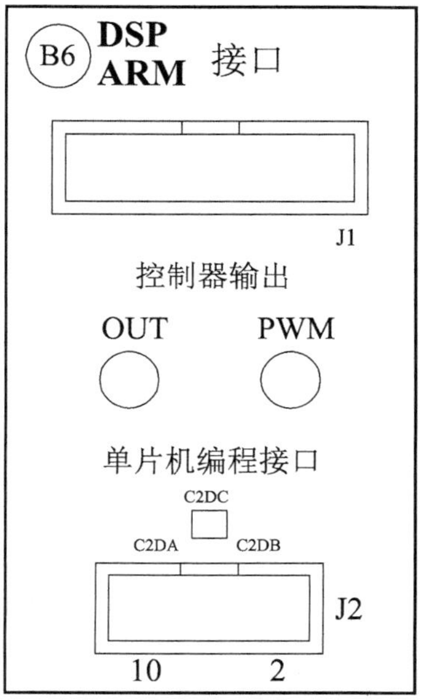


图 1-1-7　DSP、ARM 接口模块布置图

1.1.2.3　实验区 C

(1) 温控模块(C1)

温控模块通过装在散热器下的功率晶体管和热敏电阻进行加热和测温，其加热方式有两种:模拟电压加热和 PWM 控制加热。散热器下装有风扇，用户推上风扇开关，可启动风扇进行冷却，同时其也可用于温控的扰动。控制器将输出信号引入"温控输入"插孔对温控模块进行加热，测温输出则通过"测温输出"插孔输出信号。温控模块的布置如图 1-1-8 所示。

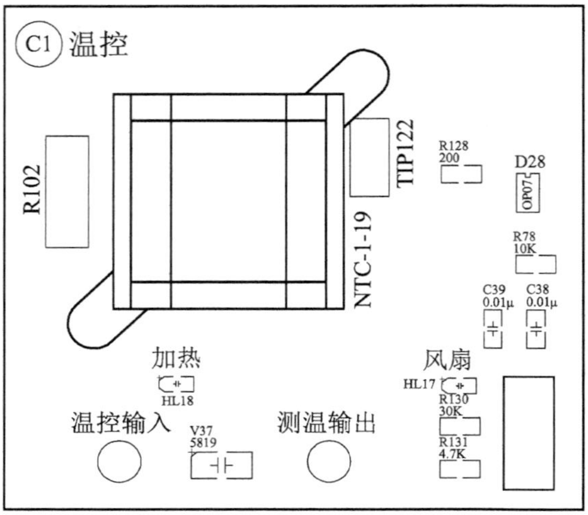


图 1-1-8　温控模块布置图

（2）直流电机模块（C2）

直流电机模块采用 Y500-12560 直流电机，将直流电压引入“电机输入”插孔，驱动直流电机转动，电机带动光栅盘产生脉冲，该脉冲经过 F/V 转换形成电压，通过“测速输出”插孔输出。脉冲经过 F/V 转换形成的电压值，可以通过该模块中的 W2 电位器来调整。直流电机模块的布置如图 1-1-9 所示。

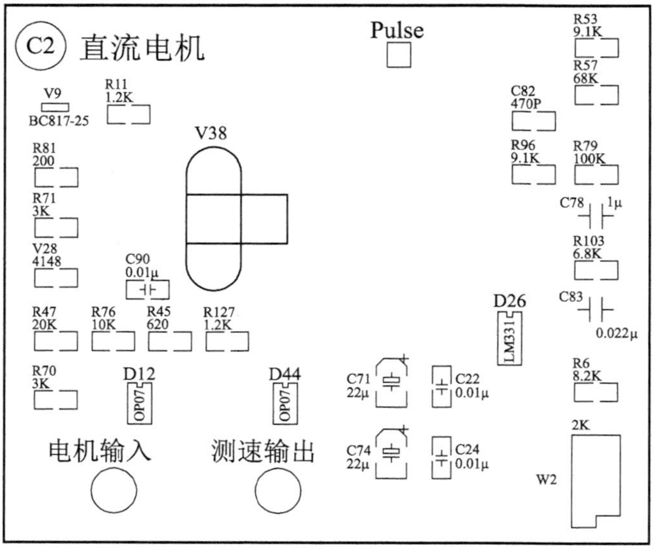


图 1-1-9　直流电机模块布置图

（3）步进电机模块（C3）

步进电机模块采用 BY35L-4801 步进电机，该步进电机可为四相四拍或四相八拍驱动。步进电机的驱动连线在实验机中已与各控制器的 I/O 口固定联结，用户无须连线。步进电机模块上有 4 个指示灯，同步显示各相驱动信号的状态。步进电机模块的布置如图 1-1-10 所示。

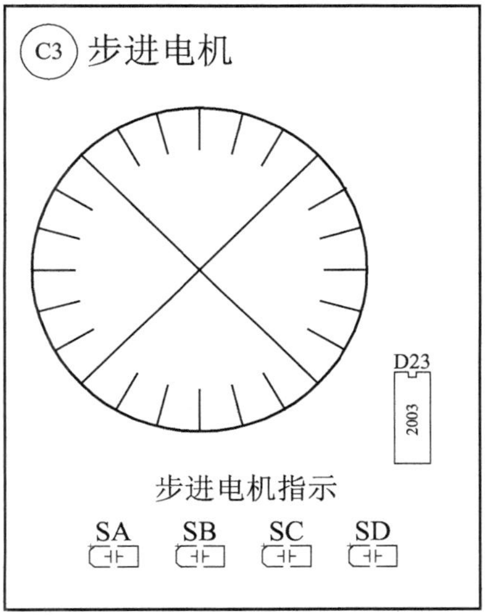


**图 1-1-10　步进电机模块布置图**

（4）通信及电源模块（C4）

通信模块实现与上位机 RS232 串口的通信，其中通信芯片采用双列直插式，便于用户自行更换。此外，电源模块提供±12 V、+5 V 及+3.3 V（由+5 V 产生）电源，K1 为电源开关。通信及电源模块的布置如图 1-1-11 所示。

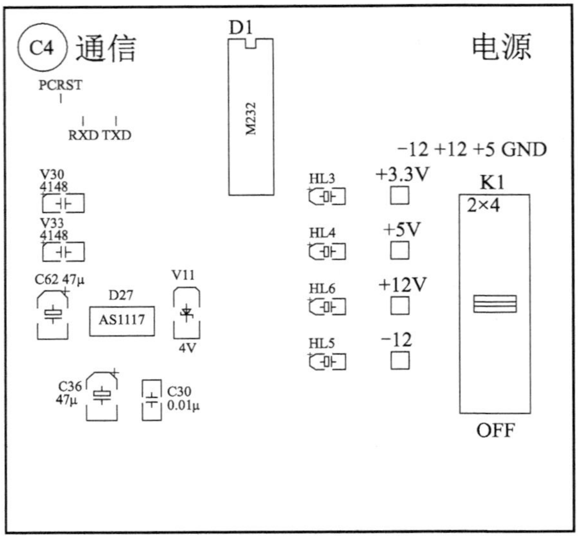


图 1-1-11　通信及电源模块布置图

(5) 外设接口模块(C5)

外设接口模块主要用于与外部控制对象的连接,其布置如图 1-1-12 所示。

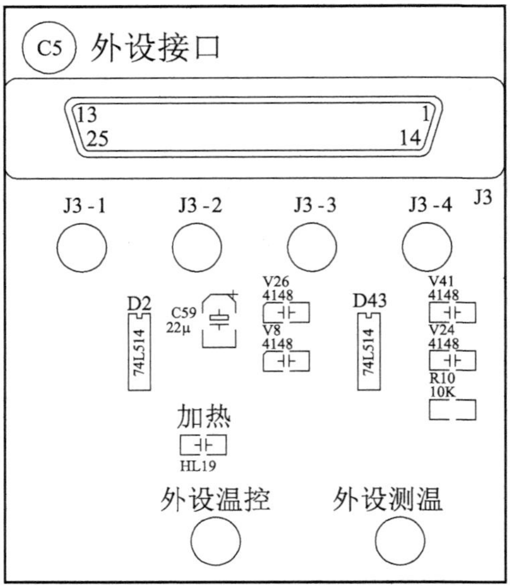


图 1-1-12　外设接口模块布置图

（6）基准电源模块（C6）

基准电源模块可提供+2.00 V 和±5.00 V 基准电压。其中，+2.00 V 基准电压是通过该模块中的 RP1 电位器来调整的。基准电源模块的布置如图 1-1-13 所示。

**注意**：基准电压已经调整好。该单元插孔不可随意接线，以免损坏基准电源。

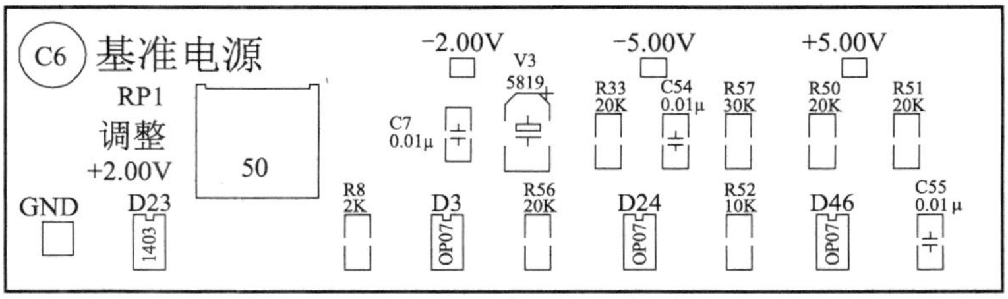


**图 1-1-13　基准电源模块布置图**

## 1.1.3　LabACTn 上位机软件简介

自动控制原理实验上位机软件是与 LabACTn 实验箱配套的上位机控制程序。本软件须与 LabACTn 实验箱配套使用，实验箱上配备有串行接口，使用本软件前，计算机必须与实验箱通过串口进行连接，并合上实验箱电源。脱离实验箱，本软件将无法正常使用。

### 1.1.3.1　虚拟时域示波器的使用

虚拟时域示波器的显示界面如图 1-1-14 所示，显示界面中 $X$ 轴为时间 $t$，$Y$ 轴为电压 $V$。通过上位机软件的示波器窗口，可以实现波形的显示、存储，可以有效地观察实验中各点信号的波形。

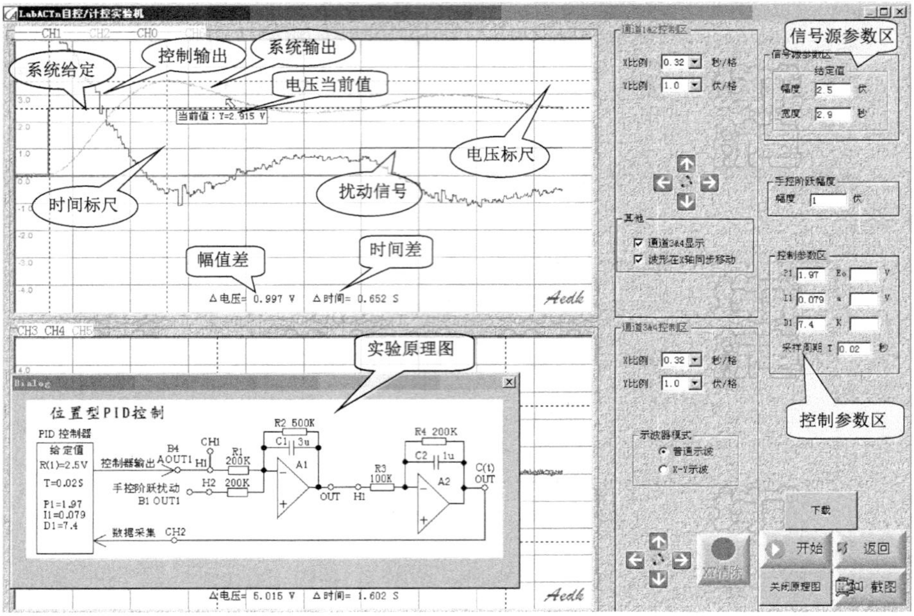


**图 1-1-14　虚拟时域示波器显示界面**

虚拟时域示波器显示通道分上、下两个区块，共 6 项显示内容，其划分如表 1-1-2 所示。

**表 1-1-2　虚拟时域示波器显示通道划分**

| 虚拟时域示波器显示通道 | 组成 |
|---|---|
| 上区块 | CH0、CH1、CH2、CH6 |
| 下区块 | CH3、CH4、CH5 |

CH1～CH4：数据采集模块的 4 个通道模拟信号输入，A/D 转换精度为 12 位，输入通道中 CH1～CH3 为不衰减输入，输入范围为-5～+5 V；CH4 配有输入量程开关，当量程开关拨到×1 位置时，表示输入不衰减，如果大于此电压，输入范围应选用×2 挡（表示输入信号衰减 1/2 后进入示波器）。

CH2、CH4：多用于系统输出。

CH3、CH4：可用作 X-Y 示波，其余不可。

CH0、CH5：用于显示计控实验中的给定值，它不经过通道采样输入，直接读入界面设置值。

CH6:用于手控阶跃信号显示,它也不经过通道采样输入,而是直接读入界面设置值。

(1) 显示区的操作使用

1) 信号测量

信号幅值测量有标尺测量和鼠标测量两种方法。

① 标尺测量:在显示界面有两条横向滑动标尺(虚线),用户用鼠标点住滑动标尺上下移动到显示界面中需标定的位置,此时界面下方将显示“Δ 电压=×. ××× V”,即两条滑动标尺间的电压差值(单位:V)。

在显示界面有两条纵向滑动标尺(虚线),用户用鼠标点住滑动标尺左右移动到显示界面中需标定的位置,此时界面下方将显示“Δ 时间=×. ××× s”,即两条滑动标尺间的时间差值(单位:s)。

② 鼠标测量:用鼠标先在显示界面点击一下,再滑动到需要测量的点,此时鼠标跟随显示“当前电压值:Y=×. ××× V”,即当前鼠标所指点的电压值(单位:V)。

2) 信号移动

在运行停止后,用户可点击显示界面的↑↓←→(上、下、左、右)移动按钮和在其中间的恢复初始状态的控制按钮,获取显示所需的画面。

**注意:**↑↓←→是针对波形进行操作的。

3) 量程选择

在显示界面有一个“X 比例”选择框,可选择每格 0. 08,0. 16,0. 32,0. 64,1. 28,2. 56,5. 12,10. 24,20. 48,40. 92,80. 92 s 的不同显示比例,以使波形沿 *X* 轴压缩与扩展。

在显示界面有一个“Y 比例”选择框,可选择每格 0. 2,0. 4,0. 6,0. 8,1 V 的不同显示比例,以使波形沿 *Y* 轴压缩与扩展。

4) 其他

“波形在 X 轴同步移动”选择,用于控制上、下两区块波形在界面 *X* 轴移动的同步性。系统默认通道 CH3、CH4 显示和波形在 *X* 轴同步移动。

“普通示波”和“X-Y 示波”选择,可对下区块显示(通道 CH3、CH4 显示)选择“时域显示”和“相平面显示”两种方式。当对下区块显示选择“X-Y 示波”方式时,可使用“XY 清除”键清除下区块波形显示。

（2）控制区的操作使用

1）信号源参数区与控制参数区

信号源参数区包括信号源输出的类别及参数，包括矩形波的幅度和宽度、正弦波的幅度和频率、在计算机控制时的给定值、斜坡的斜率等。

控制参数区包括开展计算机控制技术实验及控制系统应用实验所用的控制参数。

手控阶跃幅度区中由用户填入阶跃幅度，一旦用户合上手控阶跃开关，将在信号源模块输出用户填入的阶跃幅度的阶跃信号，并在时域虚拟示波器的通道 CH6 显示该信号。

本实验指导书提供的实验范例，其信号源参数区与控制参数区都填有参数默认值，用户可直接使用这些参数或修改各参数，然后单击“下载”键，上位机即把各参数下载到实验系统中。若在实验过程中想修改参数，则必须停止实验，先修改各参数，再单击“下载”键（即不支持在线修改）。

**注意**：若打开某实验项目，控制参数区中的某框无默认值，则表示该实验项目不支持该框的参数值。

2）面板控制键

①“下载”键：用户在上位机软件主界面上选择实验项目后，将弹出该实验项目的响应曲线界面，该界面上将显示出该实验项目的各参数的默认值（用户可修改），确认后，单击“下载”键，上位机即把该实验项目的各参数下载到实验系统中。

**注意**：用户修改任一项参数，都必须重新下载。

②“开始/停止”键：下载完成后，就会开放实验界面上的“开始”键，单击“开始”键后，实验开始运行，同时该键变为“停止”键；运行中单击“停止”键，则实验停止，此时可观察实验曲线波形。如不修改参数，可重复开始和停止。

③“关闭/打开原理图”键：用户在上位机软件主界面上选择实验项目后，界面上将显示出该实验项目的原理图，单击“关闭原理图”键，则关闭原理图显示，同时该键变为“打开原理图”键，可重复打开和关闭原理图。

④“返回”键：单击“返回”键，则关闭显示界面，返回实验项目选择界面。

**注意**：单击“返回”键之前，必须先停止实验。

⑤“截图”键：单击“截图”键，则把虚拟时域示波器界面当时运行的内容以 Bmp 格式存放到上位机软件\Bmp 文件夹中。

1.1.3.2　虚拟频域示波器的使用

(1) 频率特性扫描点设置界面

用户选择系统的频域分析实验项目后,将弹出频率特性扫描点设置界面(见图 1-1-15)和范例的原理图,用户可根据需要在设置界面填入各个扫描点的角频率 $\omega$ 值(分辨率为 0.01 rad/s)。

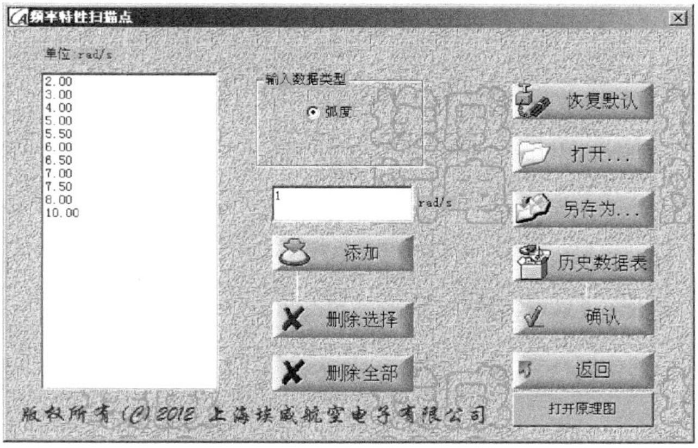


图 1-1-15　频率特性扫描点设置界面

界面控制键说明:

① “恢复默认”键:恢复默认的扫描点设置值。

② “打开”键:打开保存在上位机软件中的频率点文件。

③ “另存为”键:以 *.pt 格式存放到上位机软件中。

④ “历史数据表”键:打开保存在上位机软件\Log 文件夹中的历次测得的频率特性数据。

⑤ “添加”键:添加扫描点设置值。

⑥ “删除选择”键:对扫描点设置值中某点进行删除。

⑦ “删除全部”键:对扫描点设置值进行全部删除。

⑧ “确认”键:确认当前扫描点设置值,转入频率特性曲线实验界面。

⑨ “返回”键:返回上位机软件主界面。

⑩ “打开/关闭原理图”键:打开或关闭实验单元的原理图。

(2) 频率特性曲线界面

用户在频率特性扫描点设置界面上单击“确认”键后,将确认当前扫描点设置值,从而转入频率特性曲线界面,如图 1-1-16 所示。

单击“开始”键，即可按表中规定的角频率值，按序自动产生多种频率信号，画出频率特性曲线。

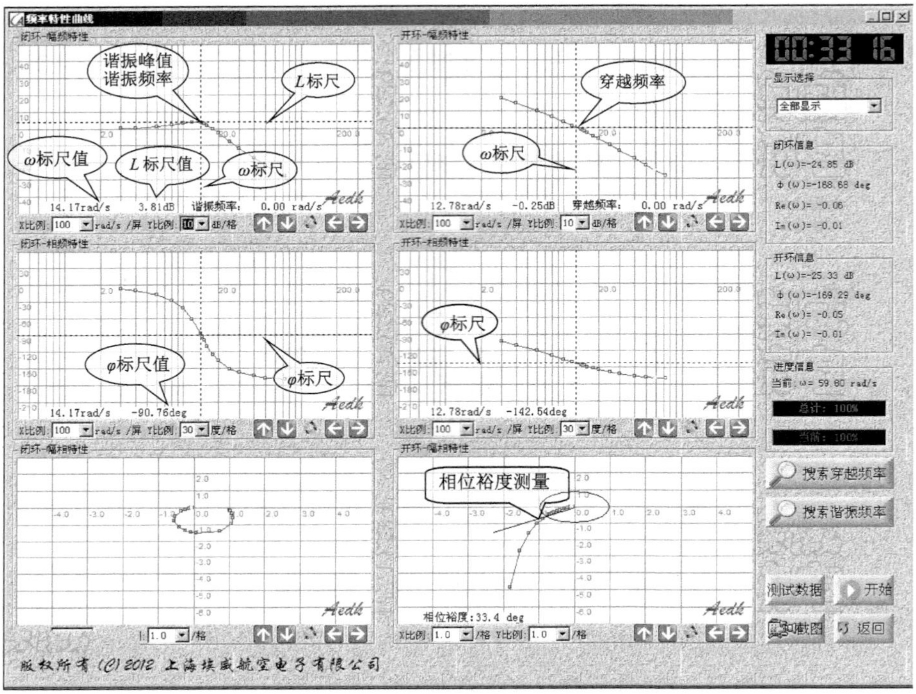


**图 1-1-16 虚拟示波器频率特性曲线界面**

（3）控制区的操作使用

1）显示选择

显示选择中有“全部显示”“闭环幅频特性”“闭环相频特性”“闭环幅相特性”“开环幅频特性”“开环相频特性”“开环幅相特性”“闭环伯德图”“开环伯德图”等。为了便于观察，用户可以在实验停止或暂停后，从界面右侧的显示选择中选择所需观察的曲线类型，这样就可以在界面上将曲线放大。

2）闭环信息和开环信息

用于显示当前幅频特性、相频特性及幅相特性值。

**注意：**在频率特性曲线实验中，该信息不显示（保持原显示值）。一旦添加新的角频率测试点，将在信息栏中显示该点的幅频特性、相频特性及幅相特性值。

3）进度信息

用于显示当前正在测试的角频率点的进度及本次实验测试的全部进度。

4）功能键

①“开始/停止”键：单击“开始”键，开始频率特性曲线实验；单击“停止”键，结束频率特性曲线实验。

②“返回”键：返回上级界面。

③“截图”键：如需要保存特性曲线，可在界面上单击“截图”键。

④“测试数据”键：在测试结束后单击该键，将弹出“测试数据”界面，显示本次实验测试的全部幅频特性、相频特性及幅相特性值。

⑤“搜索谐振频率”键：在频率特性测试结束后单击该键，将自动搜索闭环特性的谐振频率，同时把搜索过程中新增添的频率点补到原频率特性曲线上，直到搜索到谐振频率才自动停止搜索，在特性曲线上将出现黄色的点，即谐振频率 $\omega_r$，同时在界面右侧显示出该系统的谐振频率及该角频率点的 $L$、$\varphi$、Im、Re 值。在闭环幅频特性图右下方显示该实验电路的谐振频率，若要中断搜索，则单击“停止搜索”键。

**注意：**搜索谐振频率时，请确保谐振峰值区域两侧均有已测的测试点。

⑥“搜索穿越频率”键：在频率特性测试结束后单击该键，将自动搜索开环特性的穿越频率，同时把搜索过程中新增添的频率点补到原频率特性曲线上，直到搜索到穿越频率才自动停止搜索，在特性曲线上将出现黄色的点，即穿越频率 $\omega_c$，同时在界面右侧显示出该系统的穿越频率及该角频率点的 $L$、$\varphi$、Im、Re 值。在开环幅频特性图右下方显示该实验电路的穿越频率，若要中断搜索，则单击“停止搜索”键。

**注意：**搜索穿越频率时，请确保穿越频率区域两侧均有已测的测试点。

（4）显示区的操作使用

1）标尺

在幅频特性、相频特性曲线上可以拖动 $\omega$ 标尺、$L$ 标尺、$\varphi$ 标尺，在曲线图左下方显示标尺值。在开环幅相特性曲线上可以拖动相位裕度测量标尺测量系统的相位裕度 $\gamma$ 值。用鼠标在界面上移动各标尺时，界面上将出现白色的参数框，显示对应的参数（$\omega$，$L$，$\varphi$），同时在左下角显示各标尺的坐标值。在对数幅频曲线界面上移动 $\omega$ 标尺时，对数相频曲线界面上的 $\omega$ 标尺将同步移动。

2）鼠标

随着鼠标移动，在6个频率特性界面上将分别显示鼠标所在位置的开/闭环幅频特性、相频特性及幅相特性坐标值；当鼠标移动到频率特性曲线上已测试过的角频率点时，该点将变为绿色，同时显示相应值。例如，当鼠标在幅相特性曲线上移动时，会显示鼠标所在位置的实部 Re 和虚部 Im，当鼠标移动到已测试过的角频率点时，该点将变为绿色显示，同时显示该点的实部 Re、虚部 Im 和该点的 $\omega$ 值。

3）添加新角频率点

测试频率特性操作结束后，在闭环对数幅频曲线和相频曲线中移动鼠标到需增添的新角频率点处双击左键，该点测试完后，在特性曲线上将出现黄色的点，同时在界面右侧显示该系统用户点取的角频率点的 $\omega$、$L$、$\varphi$、Im、Re 值。如果添加的角频率点足够多，则特性曲线将成为近似光滑的曲线。

**注意：**用户用鼠标只能在幅频或相频特性曲线的界面上单击所需增加的角频率点。

4）谐振频率 $\omega_r$ 和谐振峰值 $L(\omega_r)$ 的测试

在闭环对数幅频曲线中，移动 $L$ 标尺和 $\omega$ 标尺到曲线峰值处，可读出谐振频率 $\omega_r$ 和谐振峰值 $L(\omega_r)$。在闭环对数相频曲线中，移动 $\varphi$ 标尺到 $\omega$ 标尺线与曲线相交处，可读出该角频率的 $\varphi$ 值。

5）相位裕度 $\gamma$ 的测试

在开环对数幅频曲线中，移动 $L$ 标尺和 $\omega$ 标尺到曲线 $L(\omega)=0$ 处，可读出幅频穿越频率 $\omega_c$。在开环对数相频曲线中移动 $\varphi$ 标尺到 $\omega$ 标尺线与曲线相交处，可读出该角频率的 $\varphi$ 值，计算出相位裕度。该点测试成功后，在特性曲线上将出现黄色的点，同时在界面右侧显示该系统的穿越频率角频率点及该点的 $L$、$\varphi$、Im、Re 值。

在开环幅相特性界面区域单击，则会出现相位裕度的标尺。拖动该标尺到单位圆与开环幅相曲线的交点处，标尺与负实轴的夹角即为相位裕度角 $\gamma$，在开环幅相特性图下端将以数字表示。

6）谐振频率 $\omega_r$ 和谐振峰值 $L(\omega_r)$ 的自动搜索

单击“搜索谐振频率”键，将自动搜索并补充搜索过的点，直到搜索到谐振频率才自动停止搜索。在特性曲线上将出现黄色的点，即谐振频率 $\omega_r$，同时在界面右侧显示出该系统的谐振频率及该角频率点的 $L$、$\varphi$、Im、Re 值。在闭环幅频特性图右下方显示该实验电路的谐振频率。

7）穿越频率 $\omega_c$ 的自动搜索

单击“搜索穿越频率”键，将自动搜索并补充搜索过的点，直到搜索到穿越频率才自动停止搜索。在特性曲线上将出现黄色的点，即穿越频率 $\omega_c$，同时在界面右侧显示出该系统的穿越频率及该角频率点的 $L$、$\varphi$、Im、Re 值。在开环幅频特性图右下方显示该实验电路的穿越频率。

本实验系统规定，在自动搜索穿越频率 $\omega_c$ 时，若 $L$ 的绝对值小于 0.05 dB，则认为该频率点就是穿越频率 $\omega_c$。若在自动搜索前，频率特性曲线上就已经存在 $L$ 的绝对值小于 0.05 dB 的频率点，则在开环幅频特性图右下方显示该实验电路的穿越频率，并提示穿越频率已存在，不再搜索。

如果用户要求更高的精度，可在该频率点的左右，手动单击寻找穿越频率 $\omega_c$。

8）打开“测试数据”界面

在测试过程中单击“暂停”键，或者在所设定的扫描角频率点测试全部结束后，可以在界面上单击“测试数据”键，将弹出“测试数据”界面，显示本次实验已测试的全部幅频特性、相频特性和幅相特性值。

## 1.2　MATLAB/Simulink 集成仿真软件

### 1.2.1　MATLAB 概述

MATLAB（matrix laboratory）又名矩阵实验室，是美国 MathWorks 公司开发的一款科学与工程计算软件，是目前国际上应用最广泛、功能最全面的商业软件之一。

MATLAB 具有强大的矩阵计算能力和良好的图形可视化功能，为用户提供了非常直观和简洁的操作界面，在信号处理、图像处理、控制系统辨识、模糊控制以及神经网络等研究领域都有广泛的应用。

MATLAB 提供了许多专用的工具箱，如控制系统工具箱（Control System Toolbox）、系统辨识工具箱（System Identification Toolbox）、鲁棒控制工具箱（Robust Control Toolbox）、模糊逻辑工具箱（Fuzzy Logic Toolbox）等。控制系统工具箱主要是运用经典的控制理论处理线性时不变（Linear Time-Invariant，LTI）系统的函数集合，为 LTI 定常系统的建模、分析和设计提供了完整的解决方案。此外，另一个框图式操作界面工具——单输入/单输出（single input/single output，SISO）系统工具，可用于单输入/单输出反馈控制系统的补偿器矫正设计。

MATLAB 还具有一个重要的软件集成包 Simulink，即动态仿真集成环境。用户通过 Windows 模型化图形输入与 Simulink 进行交互，这使得用户可以把更多的精力投入系统模型的创建而非程序的编写上，极大地提高了使用效率。模型化图形输入是指 Simulink 提供了按功能分类的基本系统模块，用户只需要根据其对应功能对这些基本模块进行调用，再将它们连接起来，就可以构成所需要的系统模型，从而进行仿真分析和设计。

MATLAB 集科学与工程计算、图像处理、信号处理等于一体，并提供了 Windows 图形输入操作界面。综合上述，MATLAB 具有以下特点。

(1) 功能强大

MATLAB 的功能强大体现在以下两个方面：

① 强大的科学运算功能。MATLAB 是以复数矩阵为基本运算单元的，每个变量代表一个矩阵，矩阵有 $i \times j$ 个元素，每个元素都可视为复数，所有的运算(加、减、乘、除和函数运算等)都对矩阵和复数有效。此外，利用 MATLAB 符号工具箱，可以解决在数学、应用科学和工程计算中常遇到的符号计算问题。

② 功能强大的模块工具箱。MATLAB 针对很多专业领域开发了功能强大的模块工具箱，如数据采集、概率统计、优化算法、神经网络、小波分析、模型预测、电力系统仿真等，用户可以直接使用工具箱而不需要自己编写代码。

(2) 编程效率高

MATLAB 的语言规则与笔算式相似，矩阵的行列数无须定义，MATLAB 的命令表达式类似于标准数学表达式，易于读写。MATLAB 以解释方式工作，即对每条语句解释后立即执行，输入算式无须编译立即得出结果，若有错误也立即做出反应，便于用户立即修改，大大减轻了编程和调试的工作量，提高了编程效率。

(3) 智能化图形处理功能

MATLAB 可以将向量和矩阵用图形表现出来，并且可以对图形进行标注和打印。其中，高层次的作图包括二维和三维的可视化、图像处理、动画及表达式作图。此外，MATLAB 还可以将工程计算结果可视化，使原始数据的关系更加清晰，从而揭示数据间的内在联系。

(4) 可扩展性强

MATLAB 软件包括基本单元和工具箱两大部分，具有良好的可扩展性。MATLAB 的函数可以直接编辑和修改，其工具箱可以按照使用需要任意增减。MATLAB 允许用户编写可以和其进行交互的 C 或 C++语言程序。此外，

MATLAB 网页服务程序还允许用户在 Web 应用中使用自己的 MATLAB 数学和图形程序。

(5) Simulink 仿真功能

MATLAB 的 Simulink 提供了动态仿真功能,用户可以利用 Simulink 提供的基本系统模块搭建系统模型来模拟线性、非线性、连续或离散系统,通过仿真分析系统性能状态。

### 1.2.2 Simulink 概述

1990 年,MathWorks 软件公司为 MATLAB 提供了新的控制系统模型化图形输入与仿真工具,并将其命名为 Simulink。该工具一经推出,很快就在控制系统工程领域得到了广泛的应用,使得仿真软件进入模型化图形组态阶段。

作为 MATLAB 的重要组成部分,Simulink 具有相对独立的功能和使用方法。确切地说,它是对动态系统进行建模、仿真和分析的一个集成软件包。Simulink 支持线性和非线性系统、连续时间系统、离散时间系统、连续和离散混合系统,而且这些系统可以是多进程的。

Simulink 为用户提供了用图形模块搭建系统动态模型的平台,其名称表明了系统的两个功能:Simu(仿真)和 Link(连接)。采用这种建模方式来搭建系统动态模型,就像用纸和笔来绘制控制系统的动态模型结构框图一样简单而又准确,体现了 Simulink 的直观、灵活等优点。

Simulink 是 MATLAB 软件的扩展,它与 MATLAB 语言的主要区别在于,其与用户的交互接口是基于 Windows 的模型化图形输入,使得用户可以把更多的时间投入系统模型的构建而非语言的编程上。

综合上述,Simulink 具有以下特点:

(1) 框图式建模

Simulink 提供了一种图形化的建模方式。所谓图形化建模,是指用 Simulink 中丰富的按功能分类的模块库,帮助用户轻松地建立起动态系统的模型。用户只需要知道这些模块的输入、输出所对应的功能,通过对模块的调用和连接就可以构成所需的系统模型。整个建模只需要利用鼠标进行简单拖动和单击连接即可实现。

(2) 交互式仿真环境

用户可以利用 Simulink 中的菜单或者 MATLAB 的命令窗口输入命令来对模型进行仿真。菜单方式对交互工作特别方便,而命令方式对大量重复仿真很有成效。

Simulink 内置了很多仿真分析工具,如仿真算法、系统线性化、寻找平衡点等。仿真结果可以图形的方式显示在类似示波器的窗口中,也可以将输出结果以变量的方式保存并输入 MATLAB 中,让用户观察到系统的输出结果以展开进一步分析。

(3) 专用的模块库

Simulink 提供了许多专用的模块库,如数字信号处理模块(DSP Blockset)、控制模块(Control Blockset)等。利用这些专用模块库,Simulink 可以方便地对 DSP 及控制系统进行地址分析和模型设计。

由于 MATLAB 和 Simulink 是集成在一起的,因此用户可以在两种环境中对自己的模型进行仿真、分析和修改。

### 1.2.3 Simulink 的使用

本实验指导书有关 MATLAB 和 Simulink 的使用介绍均以 MATLAB R2021b 版本为例。

(1) 进入 Simulink 操作界面

双击 MATLAB 图标,启动 MATLAB,进入软件主界面,如图 1-2-1 所示。

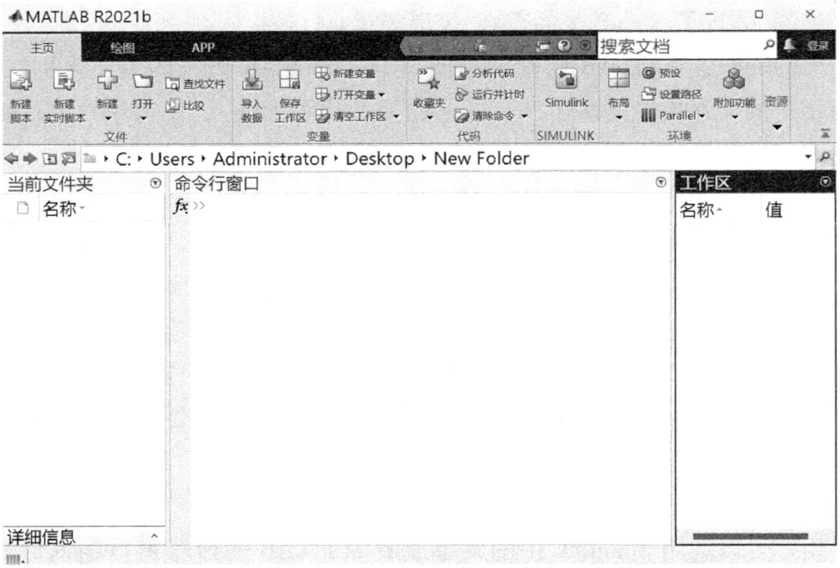


**图 1-2-1　MATLAB 主界面**

从 MATLAB 主界面进入 Simulink 操作界面的方法有两种。

① 单击图 1-2-1 所示的 MATLAB 工具栏中的 Simulink 图标，弹出如图 1-2-2 所示的 Simulink 菜单界面。再将鼠标移动到空白模型处，单击“创建模型”，弹出如图 1-2-3 所示的图形仿真操作界面。

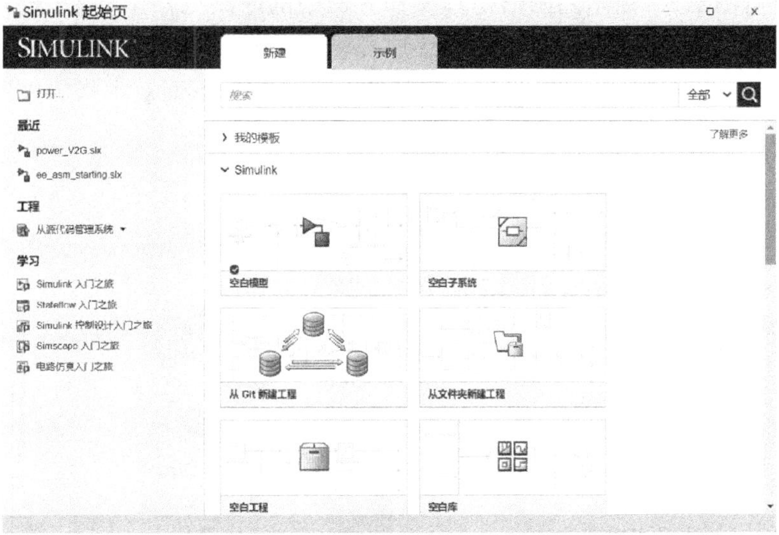


图 1-2-2　Simulink 菜单界面

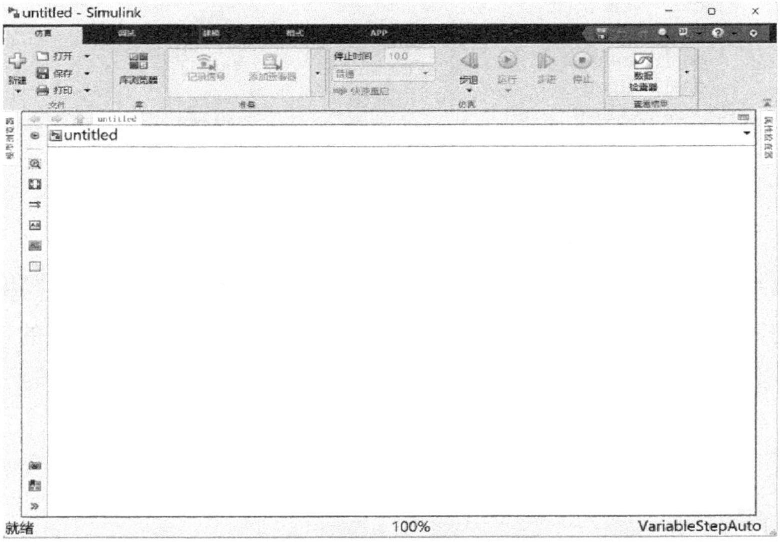


图 1-2-3　图形仿真操作界面

② 在图 1-2-1 所示的 MATLAB 命令窗口输入“simulink”命令，然后回车，弹出如图 1-2-2 所示的 Simulink 菜单界面。再将鼠标移动到空白模型处，单击“创建模型”，弹出如图 1-2-3 所示的图形仿真操作界面。

（2）提取仿真模块

单击图 1-2-3 所示的图形仿真操作界面中的库浏览器图标，打开图形库浏览器界面（见图 1-2-4）。该图形库提供了仿真所需的基本功能模块，它由多种图形子库组成，可以与相关工具箱配合使用。下面对本指导书中实验可能用到的功能模块进行简单介绍。

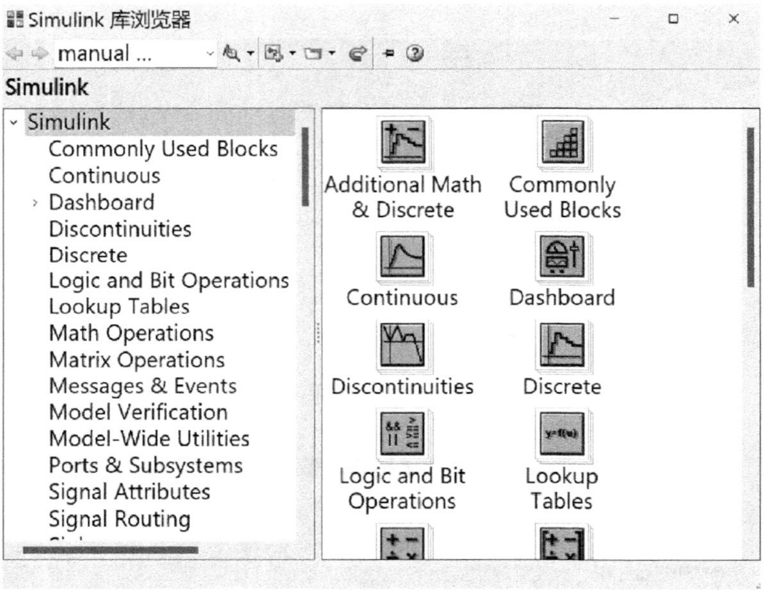


**图 1-2-4　图形库浏览器界面**

1）信号源模块组（Sources）

单击图 1-2-4 所示的图形库浏览器界面左侧列表中的“Sources”选项，界面右侧将显示 Sources 中的所有信号源模块，如图 1-2-5 所示。常用的信号源模块及其功能见表 1-2-1。

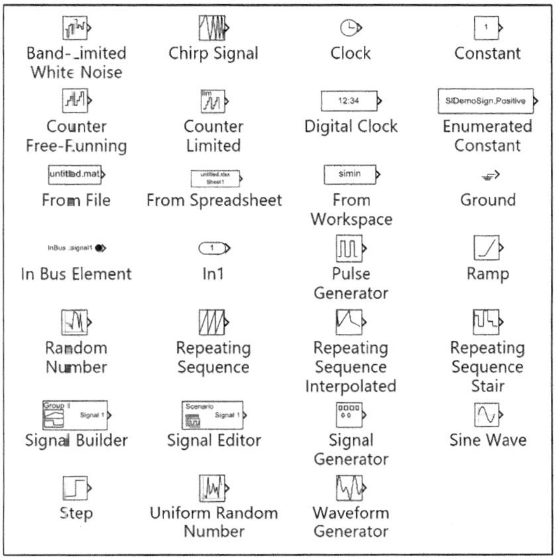


**图 1-2-5　信号源模块组**

**表 1-2-1　常用的信号源模块**

| 模块名称 | 功能说明 |
|---|---|
| 输入端口模块(In1) | 用来反映整个系统的输入端子,在模型线性化与命令仿真时是不可缺少的 |
| 信号源发生器(Signal Generator) | 能够生成多种常用信号,例如方波信号、正弦波信号、锯齿波信号等,允许用户自由调整其幅值、相位等参数 |
| 读文件模块(From File)和读工作空间模块(From Workspace) | 这两个模块分别允许从文件和 MATLAB 工作空间中读取信号作为输入信号 |
| 时间信号模块(Clock) | 生成当前仿真时钟 |
| 常数输入模块(Constant) | 以常数作为输入 |
| 阶跃输入模块(Step) | 以阶跃信号作为输入,其幅值可以自行设置 |
| 斜坡输入模块(Ramp) | 以斜坡信号作为输入,其斜率可以自行设置 |
| 正弦波输入模块(Sine Wave) | 以正弦信号作为输入,其幅值、频率和初相位可以自行设置 |
| 脉冲输入模块(Pulse Generator) | 以脉冲信号作为输入,其幅值和脉宽可以自行设置 |

2）连续模块组(Continuous)

单击图 1-2-4 所示的图形库浏览器界面左侧列表中的“Continuous”选项,

界面右侧将显示 Continuous 中的所有连续模块，如图 1-2-6 所示。常用的连续模块及其功能见表 1-2-2。

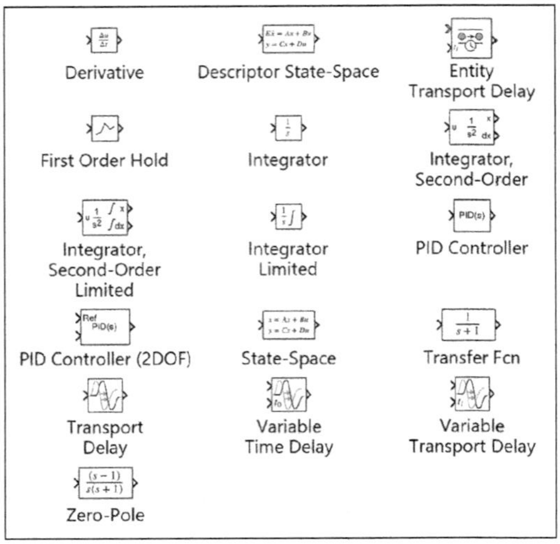


**图 1-2-6　连续模块组**

**表 1-2-2　常用的连续模块**

| 模块名称 | 功能说明 |
|---|---|
| 微分器<br>(Derivative) | 此模块相当于自动控制系统中的微分环节，输入端信号经过一阶数值微分后经输出端输出。在实际应用中，应尽量避免使用该模块 |
| 积分器<br>(Integrator) | 此模块相当于自动控制系统中的积分环节，输入端信号经过数值积分后经输出端输出 |
| 传递函数<br>(Transfer Fcn) | 此模块可以直接设置系统的传递函数，以多项式的比值形式描述系统，一般形式为<br>$G(s)=\dfrac{b_m s^m+b_{m-1}s^{m-1}+\cdots+b_1 s+b_0}{a_n s^n+a_{n-1}s^{n-1}+\cdots+a_1 s+a_0}$<br>其中，分子、分母多项式的系数可以自行设置 |
| 零极点<br>(Zero-Pole) | 此模块以零极点形式表示传递函数，通过将多项式形式的传递函数的分子、分母多项式进行因式分解，变成零极点表达式<br>$G(s)=K\dfrac{(s-z_1)(s-z_2)\cdots(s-z_m)}{(s-p_1)(s-p_2)\cdots(s-p_n)}$<br>其中，系统的零点 $z_i$ 和极点 $p_j$ 可以自行设置 |
| 时间延迟<br>(Transport Delay) | 此模块相当于自动控制系统中的延迟环节，用于将输入信号延迟一定时间输出，延迟时间可以自行调整 |

3）数学运算模块组（Math Operations）

单击图 1-2-4 所示的图形库浏览器界面左侧列表中的“Math Operations”选项，界面右侧将显示 Math Operations 中的所有数学运算模块，如图 1-2-7 所示。常用的数学运算模块及其功能见表 1-2-3。

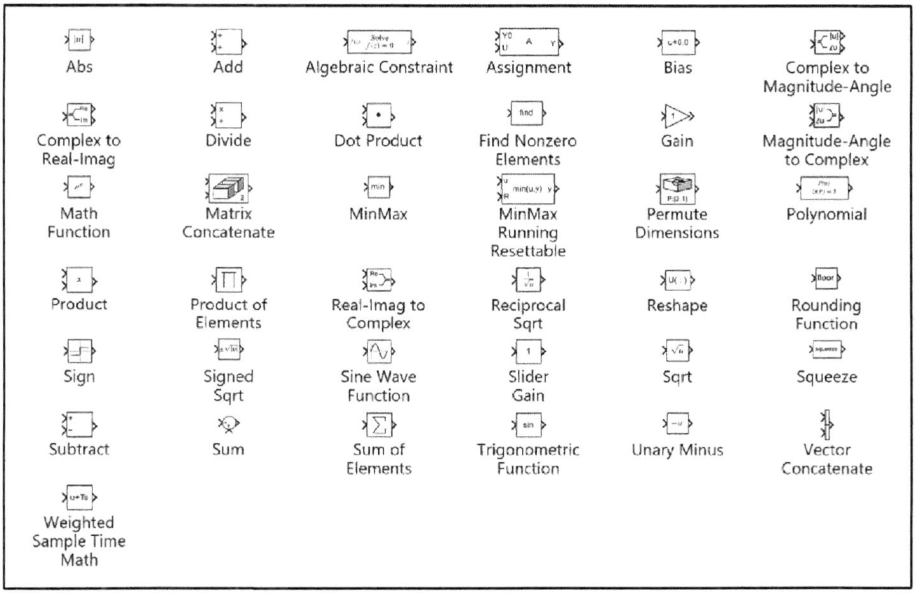


**图 1-2-7　数学运算模块组**

**表 1-2-3　常用的数学运算模块**

| 模块名称 | 功能说明 |
| --- | --- |
| 增益模块（Gain） | 此模块相当于自动控制系统中的比例环节，输出信号等于输入信号乘以模块中的参数值，此数值可以自行设置 |
| 求和模块（Sum） | 可以对输入的多路信号求代数和、差 |
| 乘除模块（Divide） | 可以对输入的多路信号求积、商 |
| 信号求和模块（Add） | 可以对输入的多路信号求和、差 |
| 其他数学运算模块 | 例如，绝对值函数（Abs）、符号函数（Sign）、取整模块（Rounding Function）等 |

4）输出模块组（Sinks）

单击图 1-2-4 所示的图形库浏览器界面左侧列表中的“Sinks”选项，界面右侧将显示 Sinks 中的所有输出模块，如图 1-2-8 所示。常用的输出模块及其功能见表 1-2-4。

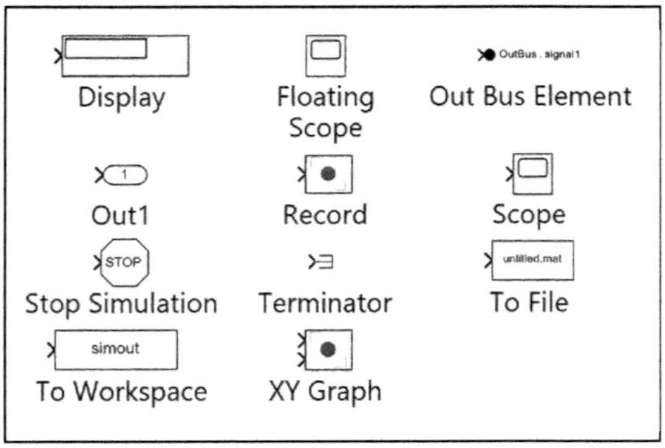


图 1-2-8　输出模块组

表 1-2-4　常用的输出模块

| 模块名称 | 功能说明 |
| --- | --- |
| 输出端口模块(Out1) | 用来反映整个系统的输出端子 |
| 示波器模块(Scope) | 用示波器显示输入的信号 |
| XY 示波器(XY Graph) | 以两路输入信号分别作为示波器的两个坐标轴,显示信号的相轨迹 |
| 工作空间写入模块(To Workspace) | 将输入的信号直接写入 MATLAB 工作空间中 |
| 写文件模块(To File) | 将输入的信号写入文件中 |
| 数字显示模块(Display) | 将输入的信号以数字形式显示 |
| 仿真终止模块(Stop Simulation) | 若输入的信号为非零,将强行终止正在进行的仿真过程 |
| 信号终结模块(Terminator) | 用于连接未连接到输出模块的输出信号,以免出现警告 |

用鼠标选中所需功能模块,将其拖拽至图 1-2-3 的空白位置,重复上述过程,直到将所需的全部功能模块拖拽至图 1-2-3 所示的图形仿真操作界面。

在拖拽过程中,应注意以下事项:① 根据系统仿真框图选择合适的功能模块进行拖拽,且放至合适的位置,以便于连接;② 对于重复的功能模块,可采用复制和粘贴的方式获取;③ 功能模块的大小和图形仿真操作界面(见图

1-2-3)的大小可以缩放;④ 直接点击功能模块可以选中该模块,也可单击拖动鼠标来选定某一区域内所有功能模块。

(3) 功能模块的连接

根据系统仿真框图,用鼠标单击所需功能模块并移动至合适位置,将鼠标移动到功能模块的输出端,单击并按住鼠标左键,移动鼠标至另一个功能模块的输入端,移动时出现虚线,到达另一个功能模块的输入端时,连线由虚变实,释放鼠标左键表示该连接已经完成(见图 1-2-9)。重复上述操作过程,直至全部连接完成,从而构成整个仿真系统。

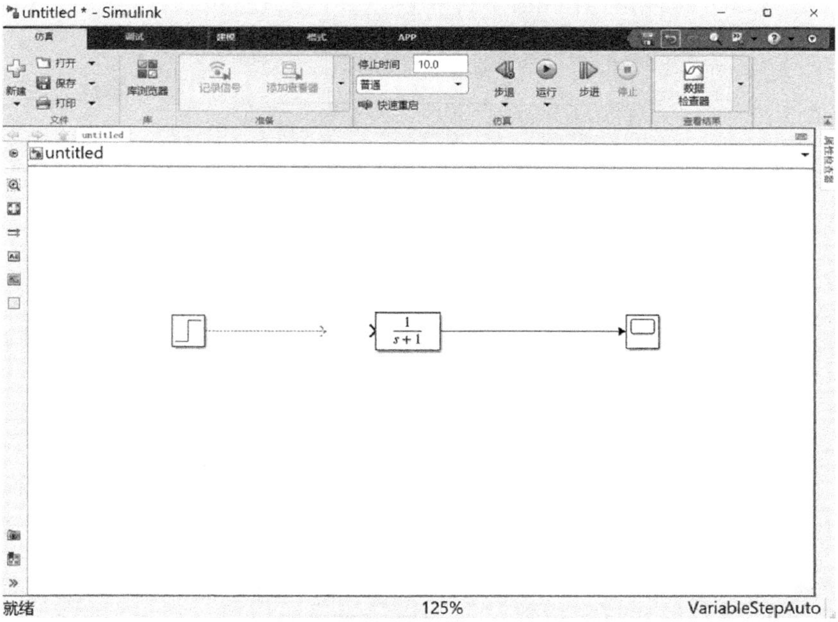


**图 1-2-9　功能模块的连接示意**

(4) 功能模块参数设置

完成功能模块连接后,需对其参数进行设置,再启动仿真。不同功能模块的参数是不同的,用鼠标双击某功能模块将弹出相应的参数设置对话框。

下面举例说明具体操作过程。图 1-2-10 是传递函数(Transfer Fcn)功能模块设置对话框。功能模块框由功能模块说明框和参数设置框组成。功能模块说明框用于说明该功能模块使用的方法和功能,参数设置框用于设置该模块的参数。传递函数模块的参数设置框由分子和分母多项式系数两个编辑框组成，在分子多项式系数编辑框中，用户可以输入系统模型的分子多项式系数（必须按从高阶到低阶的顺序）。分母多项式系数的编辑同分子多项式系数一样，这里不再赘述。设置好功能模块的参数后，单击“确定”按钮，将设置的参数传送至仿真界面，并关闭对话框。

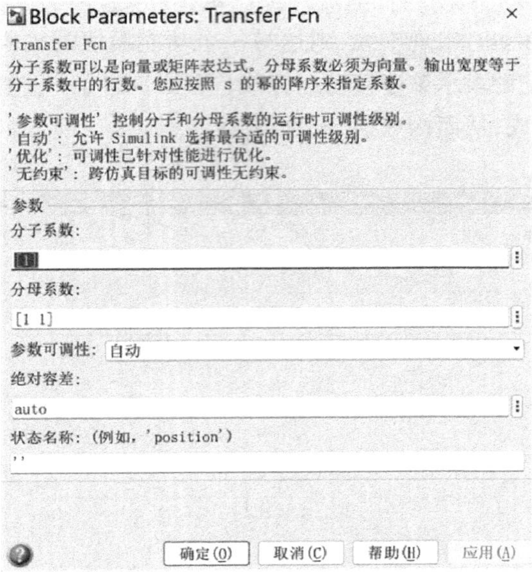


图 1-2-10　传递函数功能模块设置对话框

（5）求解器参数设置

单击图 1-2-3 操作界面中的“建模”选项卡，再单击“模型设置”选项，弹出如图 1-2-11 所示的配置参数（Configuration）界面。该界面共有求解器、数据导入/导出、数学和数据类型等 10 个参数配置界面。在求解器中可设置仿真时间、求解器类型、求解器步长等具体参数。所需参数设置完成后，单击“确定”按钮返回仿真操作界面。仿真操作时，可根据仿真曲线设置终止时间和最大步长，以便得到较为光滑的输出曲线。

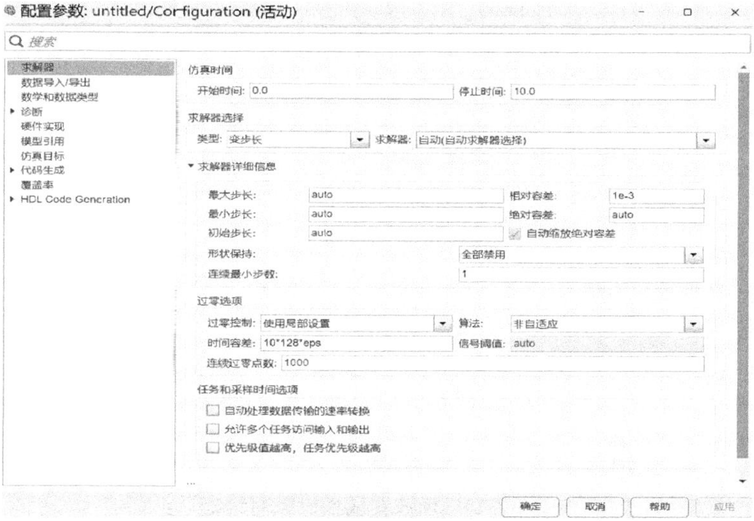


图 1-2-11　求解器参数设置界面

（6）示波器参数设置

当采用示波器显示仿真曲线时，需要对示波器的参数进行设置。将示波器模块拖拽至仿真操作界面后，双击模块，弹出如图 1-2-12 所示的示波器显示界面。

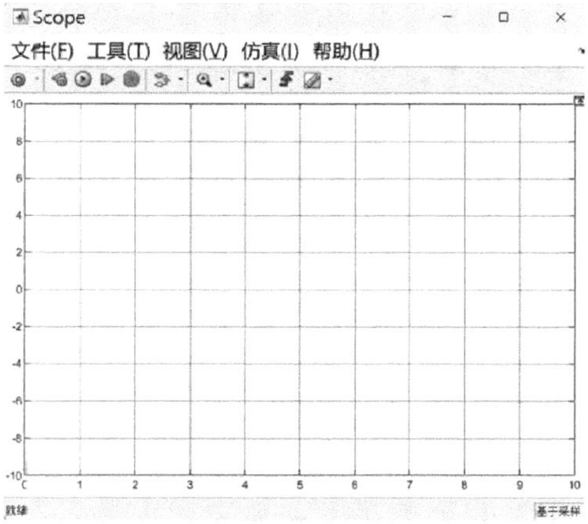


图 1-2-12　示波器显示界面

单击界面中“视图”下拉菜单里的“配置属性”选项，或者单击配置属性图标，弹出如图 1-2-13 所示的示波器属性设置对话框，该对话框有 4 个选项卡，分别为常设、时间、画面和记录。其中，常设选项卡用于设置示波器输入端口个数、采样时间、输入处理、最大化坐标区等。

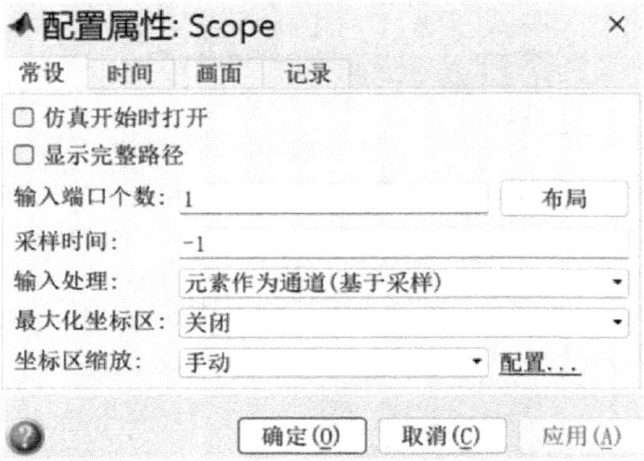


图 1-2-13　示波器属性设置对话框

采样时间应与求解器仿真时间一致，以便最大限度显示仿真操作数据。在仿真曲线显示后，单击缩放 $X$ 轴和 $Y$ 轴范围图标，自动调整坐标范围。此外，还可以根据需要进行放大、平移和打印等操作。

（7）仿真模型的运行

参数设置好的仿真模型如图 1-2-14 所示，将其命名保存好后，单击操作界面的运行图标，启动仿真。在仿真过程中，可以双击示波器模块观察实时的输出波形，直至达到仿真时长，显示完整的仿真波形。

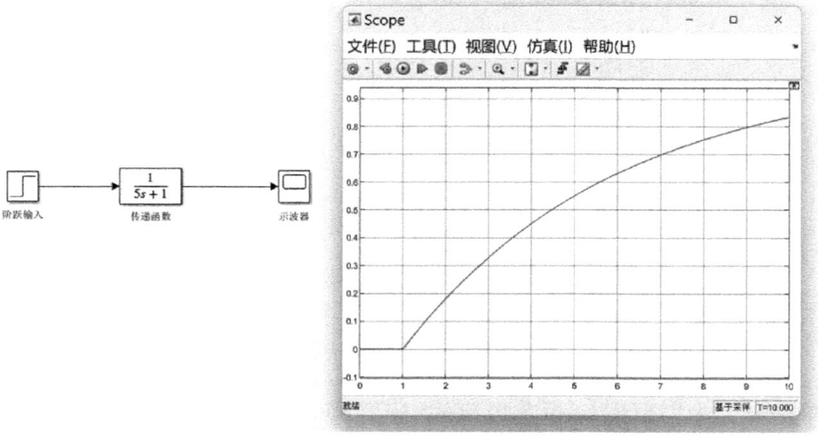


图 1-2-14　仿真模型运行过程

（8）数据的后续处理

当仿真任务较为复杂时，需要将仿真生成的数据导入工作空间进行处理和分析。在图 1-2-14 的界面添加工作空间写入（To Workspace）模块，如图 1-2-15a 所示。仿真结束后，输出数据通过该模块传送到工作空间中，并在工作空间窗口进行显示。双击变量的名称就可以看到这些变量的详细信息（见图 1-2-15b），以供后续处理和分析使用。此外，写文件（To File）模块和读文件（From File）模块能实现 Simulink 与文件间的数据传输。

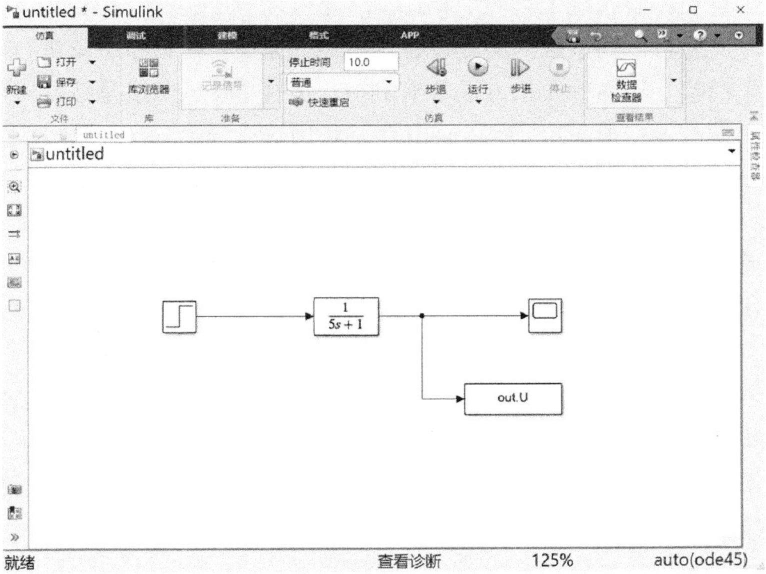


(a) 添加工作空间写入模块的仿真模型

(b) 变量的详细信息

**图 1-2-15　Simulink 与工作空间数据传输过程**

# 第 2 章　原理性实验

对于自动控制系统的研究,除了理论分析外,还有一个重要手段就是实验分析。实验可以在系统的实际设备上进行,也可以对实际系统进行物理模拟和数学模拟。这两种模拟方法各有利弊。其中,数学模拟是按实际物理系统的数学模型做一般研究,具有通用性。利用这个特点,就可以按照系统的相似性原理,采用比较简单、容易实现、便于检测的系统来研究实际的物理系统,而由集成运算放大器组成的电子模拟系统就具有这些优点。在设计或综合一个系统时,电子模拟技术能够为系统参数的调整、分析以及性能的最后检验提供非常有效的手段,尤其是对于那种难以用解析法研究的复杂系统,它的优点更为显著。

数学模拟具有按照结构图、按照信号流图或按照微分方程直接模拟三种主要形式。它们本质上是一致的,只是出发点不同。“自动控制原理”课程实验将从结构图和微分方程两个方面分别对系统进行模拟,并依次在时域和频域对系统进行实验研究。

## 2.1　线性系统实验

本节以单项实验为基本单元,内容从简到繁,循序渐进,逐步培养学生分析问题、解决问题的能力。实验单元紧密结合“自动控制原理”课程的基本知识点,分别设计 5 个基于实验系统的模拟操作实验和 5 个基于 MATLAB/Simulink 的仿真分析实验。这些实验可分为验证性实验、设计性实验和综合性实验三类。验证性实验主要包括典型环节性能分析实验。设计性实验主要包括典型二阶系统动态性能和稳定性分析实验,典型三阶系统动态性能和稳定性分析实验,以及典型环节(或系统)频率特性分析实验。综合性实验内容为线性系统串联校正实验。

### 2.1.1　典型环节性能分析实验

#### 2.1.1.1　基于实验系统的模拟操作实验

【实验目的】

① 熟悉并掌握实验装置和上位机软件的使用方法。

② 熟悉各种典型环节的传递函数及其阶跃响应曲线。

③ 分析参数变化对典型环节动态性能的影响。

【实验内容】

① 在实验装置上搭建各种典型环节的模拟电路。

② 完成各种典型环节模拟电路的阶跃特性测试,并研究参数变化对其阶跃特性的影响。

③ 利用上位机软件功能测量各种典型环节的阶跃响应曲线,获取其参数并与计算结果作比较。

【实验原理】

(1) 比例环节的传递函数、方框图和阶跃响应

比例环节的传递函数为

$$G(s)=\frac{U_o(s)}{U_i(s)}=K \tag{2-1-1}$$

式中:$K$ 为比例增益。

比例环节的方框图和阶跃响应如图 2-1-1 所示。其中,$U$ 为输入阶跃信号的幅值。

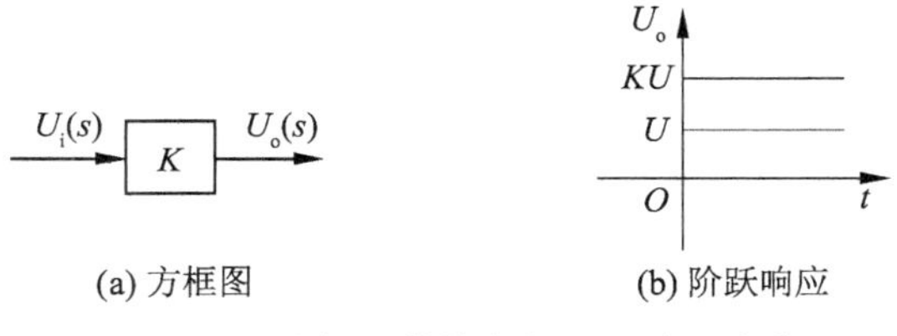


图 2-1-1　比例环节的方框图和阶跃响应

(2) 惯性环节的传递函数、方框图和阶跃响应

惯性环节的传递函数为

$$G(s)=\frac{U_o(s)}{U_i(s)}=\frac{K}{Ts+1} \tag{2-1-2}$$

式中：$T$ 为惯性时间常数；$K$ 为惯性增益。

惯性环节的方框图和阶跃响应如图 2-1-2 所示。其中，$U$ 为输入阶跃信号的幅值。

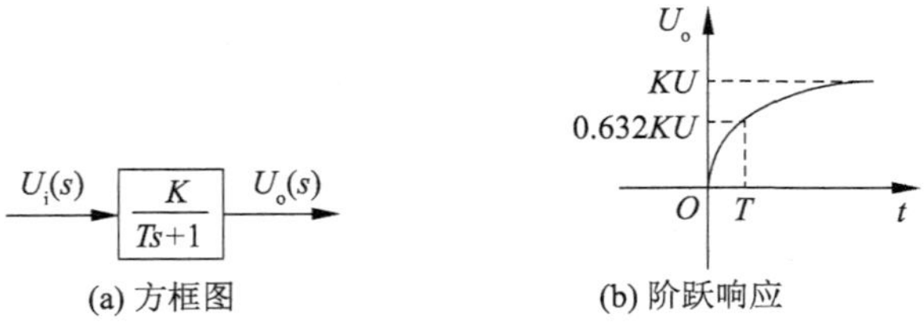


**图 2-1-2　惯性环节的方框图和阶跃响应**

（3）积分环节的传递函数、方框图和阶跃响应

积分环节的传递函数为

$$G(s)=\frac{U_o(s)}{U_i(s)}=\frac{1}{Ts} \tag{2-1-3}$$

式中：$T$ 为积分时间常数。

积分环节的方框图和阶跃响应如图 2-1-3 所示。其中，$U$ 为输入阶跃信号的幅值。

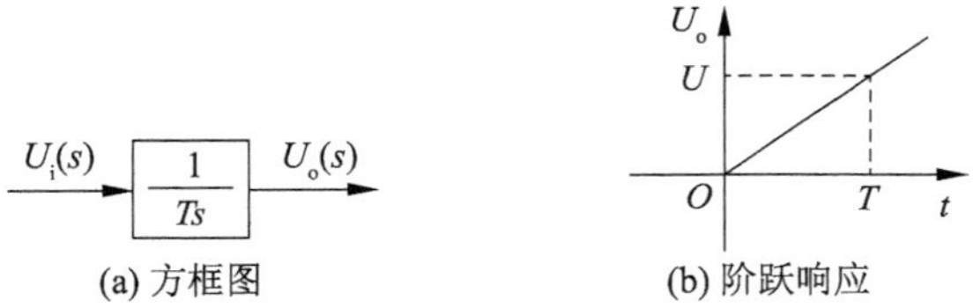


**图 2-1-3　积分环节的方框图和阶跃响应**

【实验步骤】

（1）比例环节（$K$）

① 构造模拟电路。

比例环节的模拟电路如图 2-1-4 所示，按图 2-1-4 安置短路套及插孔连线。

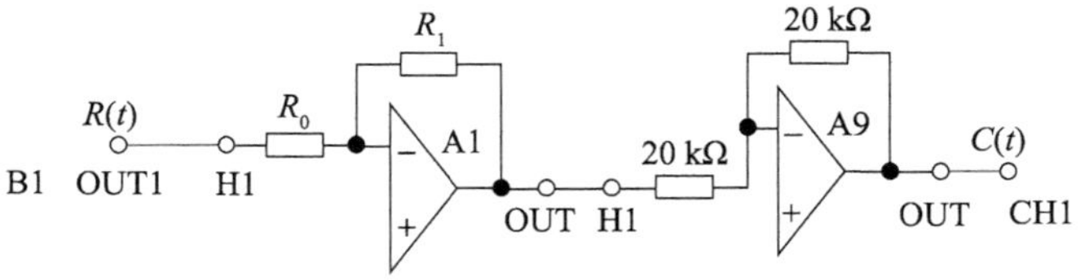


**图 2-1-4　比例环节的模拟电路**

② 运行、观察、测量、记录。

在上位机软件中选择实验单元“线性系统时域分析/典型环节/比例环节”，确认信号源参数的大小后，单击“下载”“开始”键，运行实验，观察其阶跃响应曲线，示例见图 2-1-5。

移动虚拟示波器中的两根横向标尺，一根置于 $U=0$ 处，另一根置于输出稳态值处，量得两根横向标尺之间的幅值差 $\Delta U$ 即为比例环节模拟电路的输出 $U_o$，则比例增益 $K=\frac{U_o}{U_i}$。

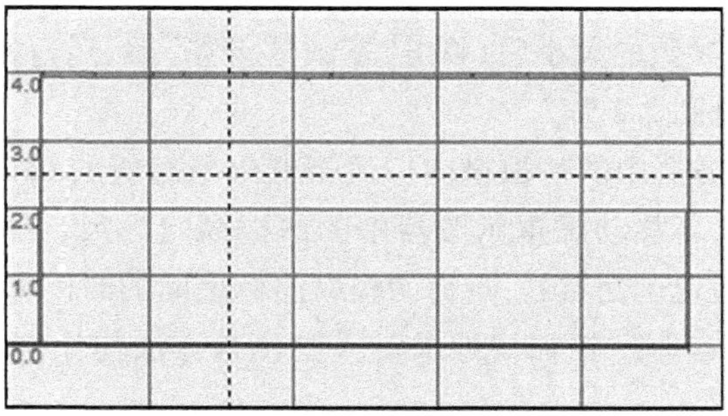


**图 2-1-5　比例环节的阶跃响应曲线**

③ 按表 2-1-1 改变比例环节的实验参数，测量并记录测试结果。

**表 2-1-1　比例环节测试数据记录表**

| $R_0$/kΩ | $R_1$/kΩ | 输入 $U_i$/V | 比例增益 $K$ | |
|---|---|---|---|---|
| | | | 计算值 | 测量值 |
| 200 | 100 | 4 | | |
| | 200 | | | |
| 50 | 100 | 2 | | |
| | 200 | 1 | | |

(2) 惯性环节$\left(\frac{K}{Ts+1}\right)$

① 构造模拟电路。

惯性环节的模拟电路如图 2-1-6 所示，按图 2-1-6 安置短路套及插孔连线。

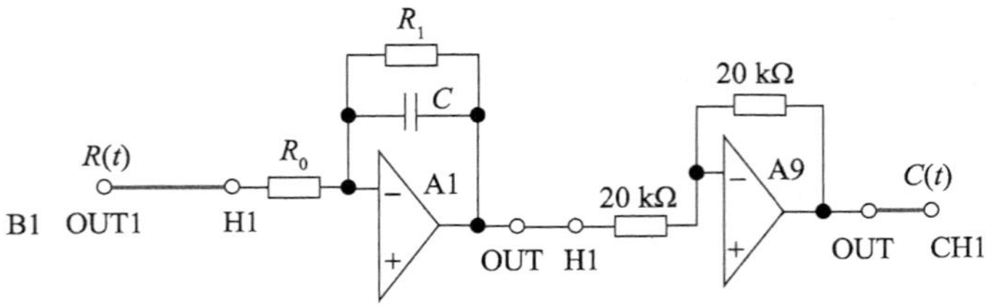


图 2-1-6　惯性环节的模拟电路

② 运行、观察、测量、记录。

在上位机软件中选择实验单元“线性系统时域分析/典型环节/惯性环节”，确认信号源参数的大小后，单击“下载”“开始”键，运行实验，观察其阶跃响应曲线，示例见图 2-1-7。

移动虚拟示波器中的一根横向标尺至输出稳态值的 0.632 倍处，得到与输出曲线的交点，再移动虚拟示波器中的两根纵向标尺，一根置于阶跃响应的起始处，另一根置于交点处，量得两根纵向标尺间的时间差 $\Delta T$ 即为惯性环节模拟电路的时间常数 $T$，而惯性增益 $K$ 的测量方法与比例环节比例增益的测量方法一致。

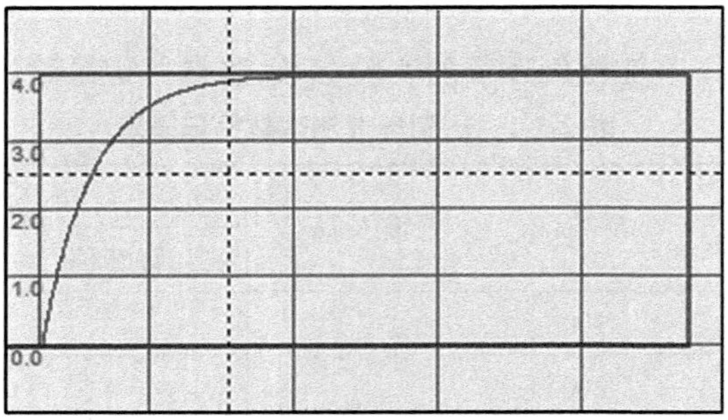


图 2-1-7　惯性环节的阶跃响应曲线

③ 按表 2-1-2 改变惯性环节的实验参数，测量并记录测试结果。

表 2-1-2　惯性环节测试数据记录表

| $R_0$/kΩ | $R_1$/kΩ | $C$/μF | 输入 $U_i$/V | 惯性增益 $K$ | | 惯性时间常数 $T$ | |
|---|---|---|---|---|---|---|---|
| | | | | 计算值 | 测量值 | 计算值 | 测量值 |
| 200 | 200 | 1 | 4 | | | | |
| | | 2 | | | | | |

续表

| $R_0$/kΩ | $R_1$/kΩ | $C$/μF | 输入 $U_i$/V | 惯性增益 $K$ | | 惯性时间常数 $T$ | |
|---|---|---|---|---|---|---|---|
| | | | | 计算值 | 测量值 | 计算值 | 测量值 |
| 50 | 100 | 1 | 2 | | | | |
| | 200 | | 1 | | | | |

（3）积分环节$\left(\frac{1}{Ts}\right)$

① 构造模拟电路。

积分环节的模拟电路如图 2-1-8 所示，按图 2-1-8 安置短路套及插孔连线。

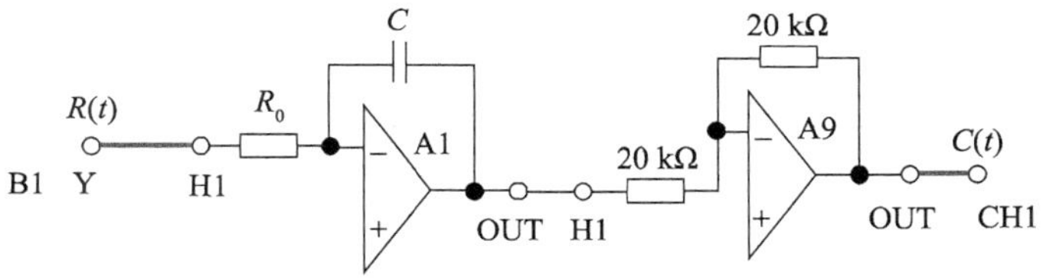


图 2-1-8　积分环节的模拟电路

② 运行、观察、测量、记录。

在上位机软件中选择实验单元“线性系统时域分析/典型环节/积分环节”，本实验用手控阶跃信号代替矩形波信号输入，实验前应把“手控阶跃开关”打开，通过示波器观察手控阶跃信号幅度默认值并进行校对后（调至 1 V 左右）单击“下载”“开始”键，运行实验，观察其阶跃响应曲线，示例见图 2-1-9。

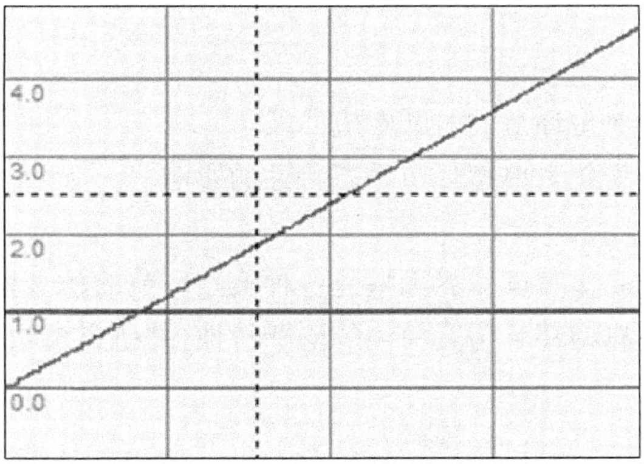


图 2-1-9　积分环节的阶跃响应曲线

移动虚拟示波器中的两根横向标尺，一根置于 $U=0$ 处，另一根置于 $U=1$ V(与输入相等)处，得到与输出曲线的一个交点；再移动虚拟示波器中的两根纵向标尺，一根置于 $t=0$ 处，另一根置于交点处，量得两根纵向标尺间的时间差 $\Delta T$ 即为积分环节模拟电路的时间常数 $T$。

③ 按表 2-1-3 改变积分环节的实验参数，测量并记录测试结果。

**表 2-1-3　积分环节测试数据记录表**

| $R_0/\text{k}\Omega$ | $C/\mu\text{F}$ | 输入 $U_i/\text{V}$ | 积分时间常数 $T$ | |
|---|---|---|---|---|
| | | | 计算值 | 测量值 |
| 500 | 1 | 1 | | |
| | 2 | | | |
| 250 | 1 | | | |
| | 2 | | | |

**注意**：为提高实验精度，在示波器屏幕上测取 $T$ 时应做均值滤波。

【实验报告要求】

① 实验目的、内容、原理、步骤(简述要点)。

② 画出系统模拟电路图。

③ 画出各种情况下的系统阶跃响应曲线。

④ 填写实验数据记录表。

⑤ 分析实验结果并与理论计算值进行比较，分析误差及其产生的原因。

⑥ 实验体会。

#### 2.1.1.2　基于 MATLAB/Simulink 的仿真分析实验

【实验目的】

① 熟悉各种典型环节的阶跃响应曲线。

② 了解参数变化对典型环节动态特性的影响。

【实验内容】

① 在 Simulink 仿真操作界面搭建各种典型环节的仿真模型。

② 测试各种典型环节仿真模型的阶跃特性，并研究参数变化对其阶跃特性的影响。

【实验步骤】

（1）比例环节（$K$）

打开 MATLAB 软件，启动 Simulink，在空白模型处单击“创建模型”按钮，新建一个空白仿真操作界面。从 Simulink 图形库浏览器中用鼠标分别拖拽阶跃输入（Step）模块、增益（Gain）模块、示波器（Scope）模块至仿真操作界面，将示波器模块的输入信号端口数设置为“4”，并按图 2-1-10 连接。通过改变增益模块的参数大小，来改变比例环节的比例增益 $K$。单击“运行”按钮，通过示波器模块观察不同比例增益 $K$ 下的单位阶跃响应曲线变化情况。

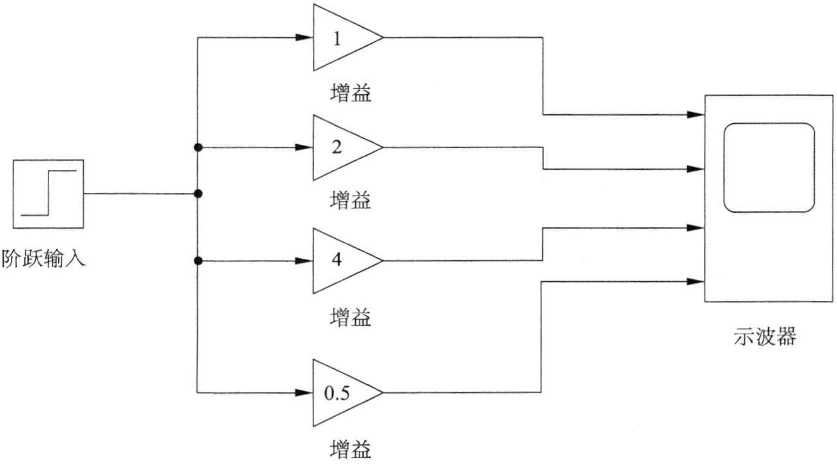


**图 2-1-10　比例环节的仿真框图**

（2）惯性环节$\left(\frac{K}{Ts+1}\right)$

用传递函数（Transfer Fcn）模块替换图 2-1-10 中比例环节仿真框图的增益模块，通过参数设置，使其传递函数表示为 $G(s)=\frac{K}{Ts+1}$，如图 2-1-11 所示。通过改变传递函数模块的参数大小，来改变惯性环节的惯性增益 $K$ 和惯性时间常数 $T$。单击“运行”按钮，通过示波器模块观察相同惯性增益 $K$ 下不同惯性时间常数 $T$ 的单位阶跃响应曲线变化情况，以及相同惯性时间常数 $T$ 下不同惯性增益 $K$ 的单位阶跃响应曲线变化情况。

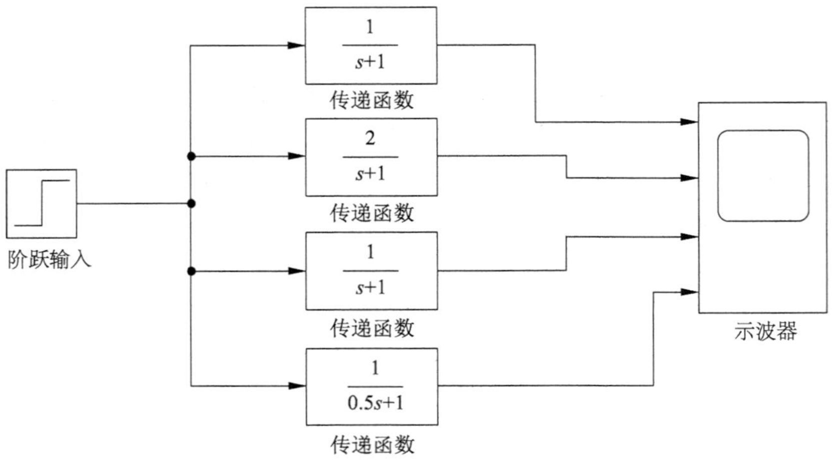


**图 2-1-11　惯性环节的仿真框图**

(3) 积分环节$\left(\frac{1}{Ts}\right)$

重新设置图 2-1-11 中传递函数模块的参数,使其传递函数变为 $G(s)=\frac{1}{Ts}$,如图 2-1-12 所示。通过改变传递函数模块的参数大小,来改变积分环节的积分时间常数 $T$。单击“运行”按钮,通过示波器模块观察不同积分时间常数 $T$ 下的单位阶跃响应曲线变化情况。

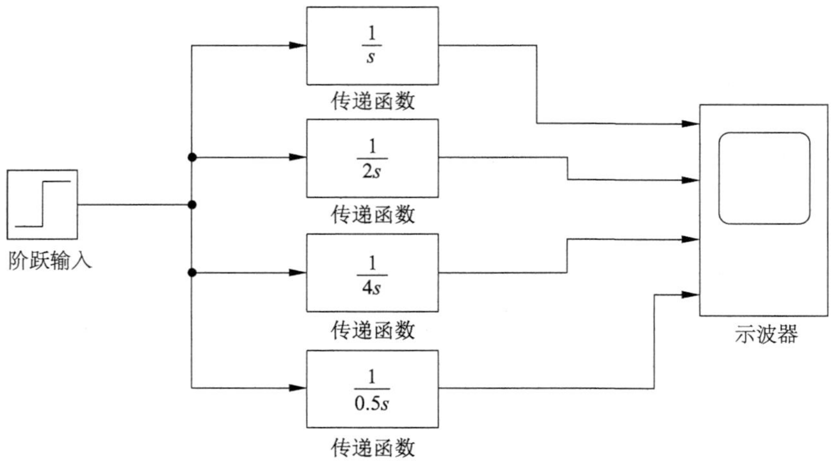


**图 2-1-12　积分环节的仿真框图**

（4）微分环节$\left(\frac{Ks}{Ts+1}\right)$

用微分(Derivative)模块替换图 2-1-12 中的传递函数模块,构成微分环节的仿真框图,如图 2-1-13 所示。通过改变微分模块的参数大小,来改变微分环节的时间常数 $T$($T$ 的取值应满足 $T \ll 1$)。单击“运行”按钮,通过示波器模块观察不同微分时间常数 $T$ 下的单位阶跃响应曲线变化情况。

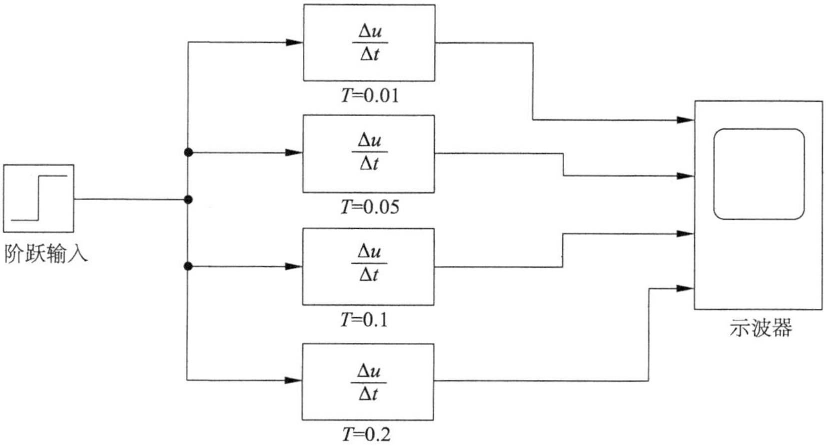


**图 2-1-13　微分环节的仿真框图**

【实验报告要求】

① 实验目的、内容、步骤。

② 画出各种典型环节的仿真框图。

③ 画出不同情况下各种典型环节的阶跃响应曲线。

④ 分析各环节中参数变化对阶跃响应的影响。

⑤ 实验体会。

## 2.1.2　典型二阶系统动态性能和稳定性分析实验

### 2.1.2.1　基于实验系统的模拟操作实验

【实验目的】

① 学习和掌握典型二阶系统动态性能指标的测试方法。

② 观察不同参数下典型二阶系统的阶跃响应曲线。

③ 研究参数变化对典型二阶系统动态性能和稳定性的影响。

【实验内容】

① 观察典型二阶系统的阶跃响应曲线,测量其动态性能指标并与理论计算值作比较。

② 分析参数变化对典型二阶系统动态性能和稳定性的影响。

【实验原理】

任何一个给定的线性控制系统,都可以分解为若干个典型环节的组合。将每个典型环节的模拟电路按系统的方框图连接起来,就得到控制系统的模拟电路图。

典型二阶系统 $W(s)=\dfrac{\omega_n^2}{s^2+2\zeta\omega_n s+\omega_n^2}$可以分解成一个比例环节、一个惯性环节和一个积分环节,其结构原理如图 2-1-14 所示。

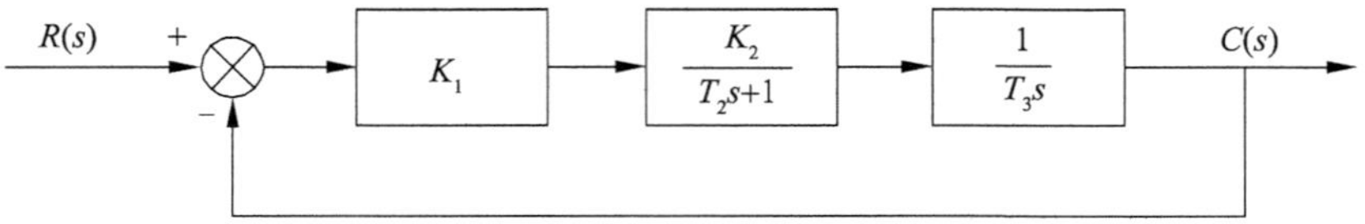


**图 2-1-14　典型二阶系统的结构图**

系统的开环传递函数为

$$G(s)=\frac{K}{s(T_2s+1)} \tag{2-1-4}$$

式中:$K=\dfrac{K_1K_2}{T_3}$。

系统的闭环传递函数为

$$\frac{U_C(s)}{U_R(s)}=\frac{K}{s(T_2s+1)+K}=\frac{\dfrac{K}{T_2}}{s^2+\dfrac{1}{T_2}s+\dfrac{K}{T_2}}=\frac{\omega_n^2}{s^2+2\zeta\omega_n s+\omega_n^2} \tag{2-1-5}$$

式中:$\omega_n=\sqrt{\dfrac{K}{T_2}}$;$\zeta=\dfrac{1}{2}\sqrt{\dfrac{1}{KT_2}}$。

当取误差带 $\Delta=0.05$ 时,$t_s=\dfrac{3}{\zeta\omega_n}=6T_2$。

【实验步骤】

（1）构造模拟电路

典型二阶系统的模拟电路如图 2-1-15 所示，按图 2-1-15 安置短路套及插孔连线。通过计算设置 $R_x$ 的大小，使阻尼系数 $\zeta$ 满足 $0<\zeta<1$，此时系统为欠阻尼状态。

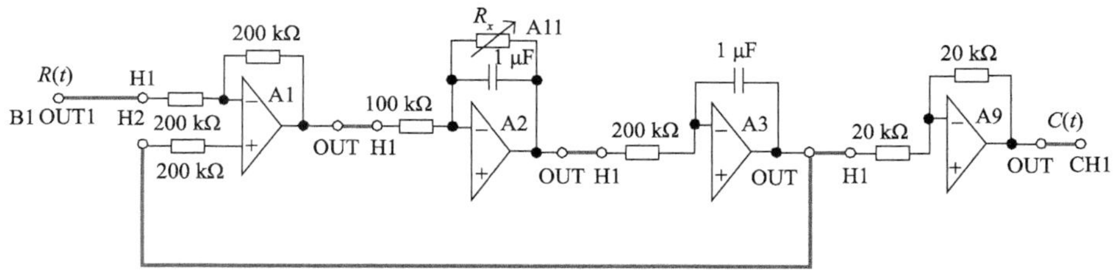


**图 2-1-15　典型二阶系统的模拟电路**

（2）运行、观察、测量、记录

在上位机软件中选择实验单元“线性系统时域分析/二阶系统瞬态响应和稳定性”，确认信号源参数的大小后，单击“下载”“开始”键，运行实验，观察 $0<\zeta<1$ 时系统的阶跃响应曲线（见图 2-1-16a），测量超调量 $\sigma\%$、阻尼振荡周期 $T_d$、调节时间 $t_s$、阻尼系数 $\zeta$、无阻尼自然振荡角频率 $\omega_n$，将所得数据填入表 2-1-4。改变图 2-1-15 中 $R_x$ 的大小，使系统阻尼系数 $\zeta>1$，观察系统过阻尼状态的阶跃响应曲线（见图 2-1-16c），并测量上述指标，将所得数据填入表 2-1-4。

**表 2-1-4　典型二阶系统测试数据记录表**

| | | |
|---|---|---|
| $R_x$/kΩ | | |
| $\sigma\%$测量值 | | |
| $T_d$ 测量值/s | | |
| $t_s$ 测量值/s | | |
| $t_s$ 计算值/s | | |
| $\zeta$ 测量值 | | |
| $\zeta$ 计算值 | | |
| $\omega_n$ 测量值/（rad · $s^{-1}$） | | |
| $\omega_n$ 计算值/（rad · $s^{-1}$） | | |

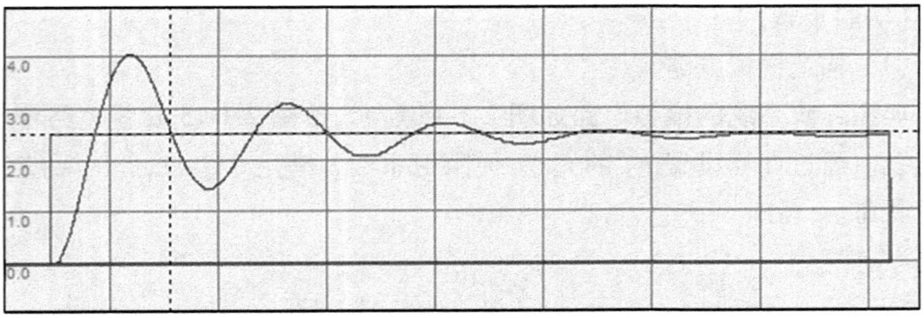


(a) 欠阻尼(0<ζ<1)阶跃响应曲线

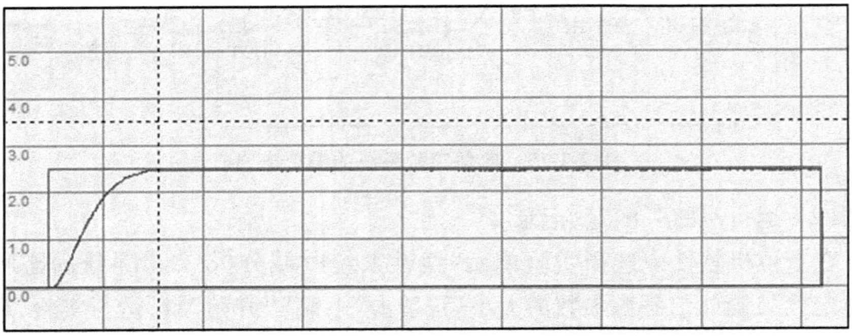


(b) 临界阻尼(ζ=1)阶跃响应曲线

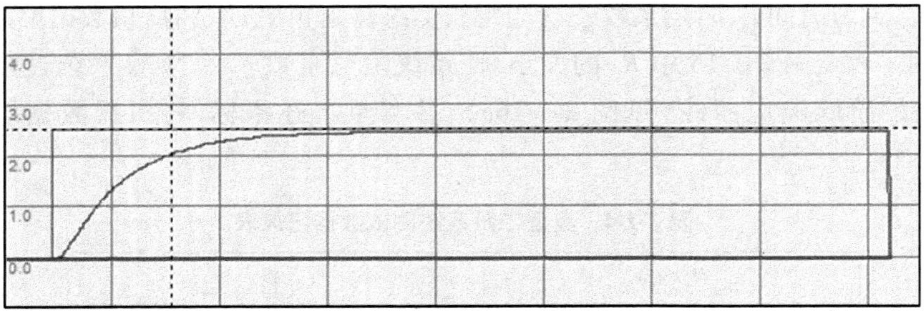


(c) 过阻尼(ζ>1)阶跃响应曲线

**图 2-1-16　典型二阶系统的阶跃响应曲线**

【实验报告要求】

① 实验目的、内容、原理、步骤。

② 画出系统模拟电路图。

③ 画出各种情况下的系统阶跃响应曲线。

④ 填写实验数据记录表。

⑤ 分析实验结果并与理论计算值进行比较,分析误差及其产生的原因。

⑥ 实验体会。

### 2.1.2.2　基于 MATLAB/Simulink 的仿真分析实验

【实验目的】

① 熟悉典型二阶系统的阶跃响应曲线。

② 了解参数变化对典型二阶系统动态性能和稳定性的影响。

【实验内容】

① 在 Simulink 仿真操作界面搭建典型二阶系统的仿真模型。

② 测试不同参数的典型二阶系统仿真模型的阶跃特性,并研究参数变化对其动态性能和稳定性的影响。

【实验步骤】

(1) 搭建典型二阶系统的仿真模型

打开 MATLAB 软件,启动 Simulink,在空白模型处单击“创建模型”按钮,新建一个空白仿真操作界面。从 Simulink 图形库浏览器中用鼠标分别拖拽阶跃输入(Step)模块、传递函数(Transfer Fcn)模块、示波器(Scope)模块至仿真操作界面,将示波器模块的输入信号端口数设置为“3”,并按图 2-1-17 连接。

(2) 设置仿真参数

通过设置传递函数模块的参数,使其传递函数表示为 $G(s)=\dfrac{\omega_n^2}{s^2+2\zeta\omega_n s+\omega_n^2}$。单击“运行”按钮,通过示波器模块观察无阻尼自然振荡角频率 $\omega_n$ 不变($\omega_n=5\ \mathrm{rad/s}$)而阻尼系数 $\zeta$ 取不同值时的单位阶跃响应曲线变化情况。

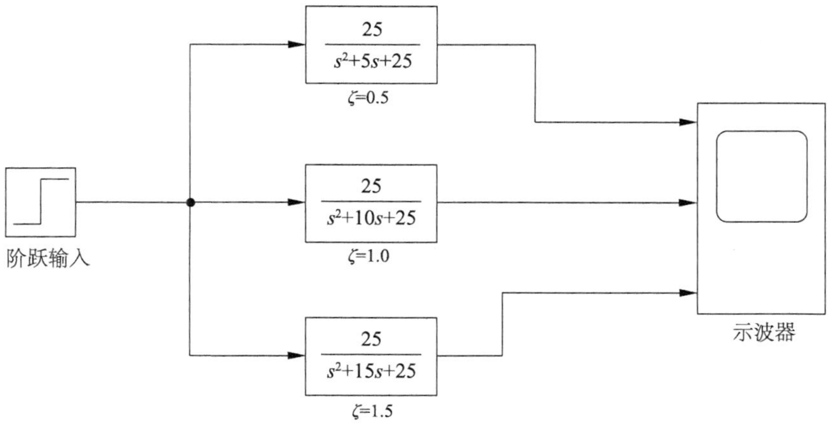


**图 2-1-17　典型二阶系统的仿真框图($\zeta$ 取不同值)**

改变传递函数模块的参数大小(见图 2-1-18),使阻尼系数 $\zeta$ 保持不变

($\zeta=0.2$)，单击“运行”按钮，观察无阻尼自然振荡角频率 $\omega_n$ 取不同值时的单位阶跃响应曲线变化情况。

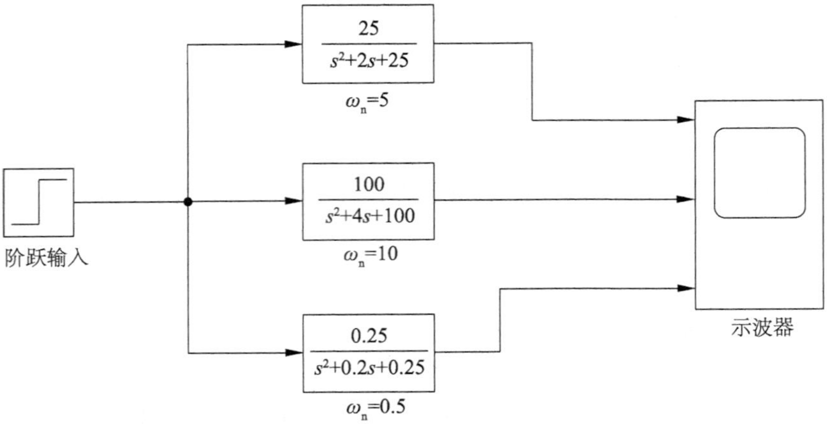


**图 2-1-18 典型二阶系统的仿真框图($\omega_n$ 取不同值)**

【实验报告要求】

① 实验目的、内容、步骤。

② 画出典型二阶系统的仿真框图。

③ 画出不同情况下典型二阶系统的阶跃响应曲线。

④ 分析系统参数变化对其动态性能和稳定性的影响。

⑤ 实验体会。

### 2.1.3 典型三阶系统动态性能和稳定性分析实验

#### 2.1.3.1 基于实验系统的模拟操作实验

【实验目的】

① 学习和掌握典型三阶系统动态性能指标的测试方法。

② 观察不同参数下典型三阶系统的阶跃响应曲线。

③ 研究参数变化对典型三阶系统动态性能和稳定性的影响。

【实验内容】

① 观察典型三阶系统的阶跃响应曲线，测量其动态性能指标。

② 分析参数变化对典型三阶系统动态性能和稳定性的影响。

【实验原理】

典型三阶系统的结构原理如图 2-1-19 所示。

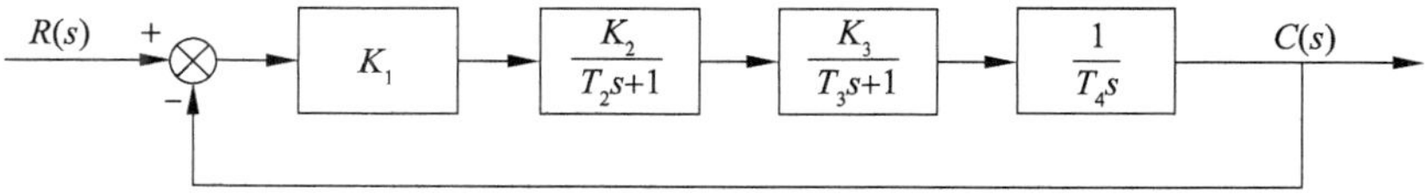


**图 2-1-19　典型三阶系统的结构图**

系统的开环传递函数为

$$G(s)=\frac{K}{s(T_2s+1)(T_3s+1)} \tag{2-1-6}$$

式中：$K=\frac{K_1K_2K_3}{T_4}$。

系统的闭环传递函数为

$$\frac{U_C(s)}{U_R(s)}=\frac{K}{s(T_2s+1)(T_3s+1)+K}=\frac{K}{T_2T_3s^3+(T_2+T_3)s^2+s+K} \tag{2-1-7}$$

闭环系统的特征方程为

$$1+G(s)=0 \Rightarrow T_2T_3s^3+(T_2+T_3)s^2+s+K=0 \tag{2-1-8}$$

特征方程标准式为

$$a_0s^3+a_1s^2+a_2s+a_3=0 \tag{2-1-9}$$

根据特征方程的系数，建立对应的劳斯行列表为

$$\begin{array}{lcc} s^3 & a_0 & a_2 \\ s^2 & a_1 & a_3 \\ s^1 & \dfrac{a_1a_2-a_0a_3}{a_1} & 0 \\ s^0 & a_3 & 0 \end{array} \Rightarrow \begin{array}{lcc} s^3 & T_2T_3 & 1 \\ s^2 & T_2+T_3 & K \\ s^1 & \dfrac{T_2+T_3-T_2T_3K}{T_2+T_3} & 0 \\ s^0 & K & 0 \end{array} \tag{2-1-10}$$

为了保证系统稳定，劳斯表中第一列系数的符号应保持一致，由 $T_2T_3>0$ 和 $T_2+T_3>0$ 可得

$$\begin{cases} \dfrac{T_2+T_3-T_2T_3K}{T_2+T_3}>0 \\ K>0 \end{cases} \tag{2-1-11}$$

由劳斯稳定判据判断，可以得到系统临界稳定时的开环增益 $K=\frac{T_2+T_3}{T_2T_3}$。因此，可根据 $K$ 的范围判断系统的稳定性，即

$$\begin{cases} 0<K<\dfrac{T_2+T_3}{T_2T_3} & \text{系统稳定} \\ K=\dfrac{T_2+T_3}{T_2T_3} & \text{系统临界稳定} \\ K>\dfrac{T_2+T_3}{T_2T_3} & \text{系统不稳定} \end{cases} \tag{2-1-12}$$

【实验步骤】

（1）构造模拟电路

典型三阶闭环系统的模拟电路如图 2-1-20 所示，按图 2-1-20 安置短路套及插孔连线。将 A11 模块中的直读式可变电阻跨接到 A6 模块的输入 H1 和 IN 之间，通过调整其阻值改变系统开环增益 $K$ 进行实验。

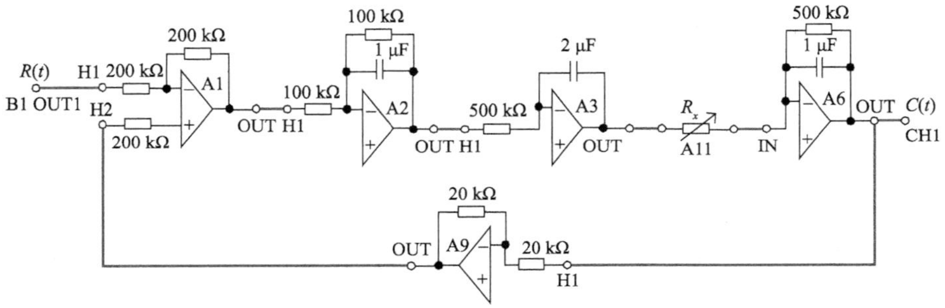


**图 2-1-20　典型三阶闭环系统的模拟电路**

（2）运行、观察、测量、记录

根据实验原理，通过计算调整 A11 模块中的直读式可变电阻值，使系统分别处于临界稳定、不稳定和稳定状态，在上位机软件中选择实验单元“线性系统时域分析/三阶系统瞬态响应和稳定性”，确认信号源参数的大小后，单击“下载”“开始”键，运行实验，观察三阶系统的阶跃响应曲线（见图 2-1-21）。测量系统稳定时的最大超调量 $\sigma\%$ 和调节时间 $t_s$，并将所得数据填入表 2-1-5。

**表 2-1-5　典型三阶系统测试数据记录表**

| $R_x$/kΩ | 超调量 $\sigma\%$ | 调节时间 $t_s/s$ |
|---|---|---|
| | | |
| | | |
| | | |

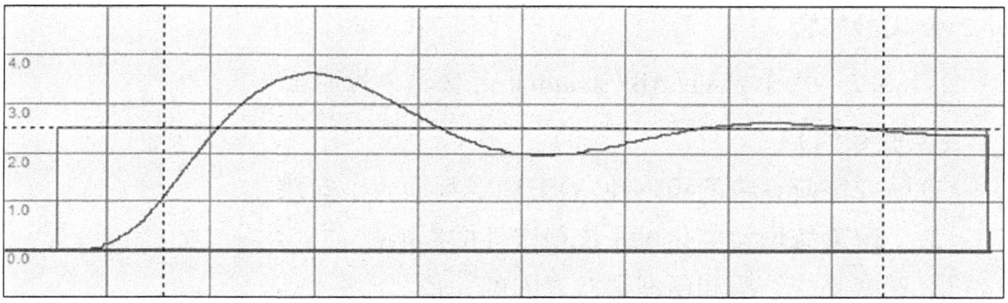


(a) 稳定时的阶跃响应曲线

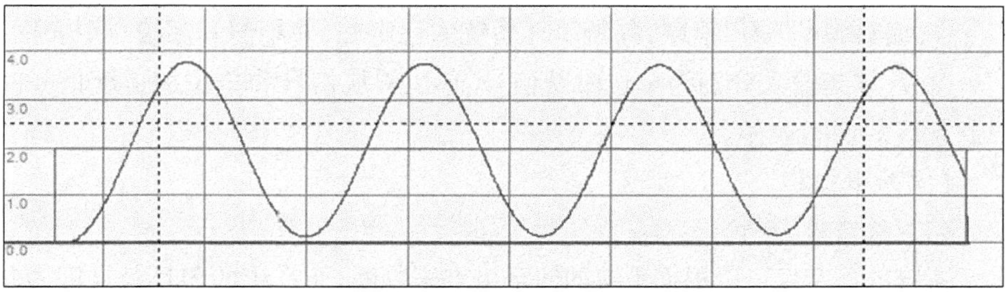


(b) 临界稳定时的阶跃响应曲线

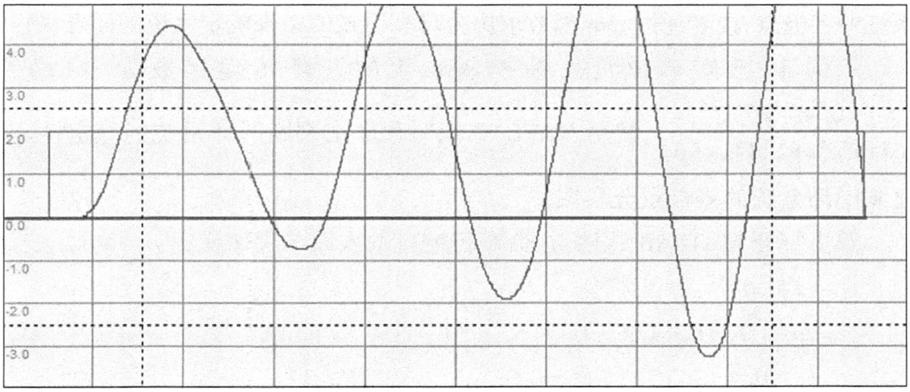


(c) 不稳定时的阶跃响应曲线

**图 2-1-21　典型三阶系统的阶跃响应曲线**

【实验报告要求】

① 实验目的、内容、原理、步骤。

② 画出典型三阶系统的模拟电路图。

③ 画出不同情况下典型三阶系统的阶跃响应曲线。

④ 填写实验数据记录表。

⑤ 分析系统开环增益和时间常数对系统稳定性的影响。

⑥ 实验体会。

2.1.3.2 基于 MATLAB/Simulink 的仿真分析实验

【实验目的】

① 研究高阶系统的稳定性,验证稳定判据的正确性。

② 了解系统增益变化对系统稳定性的影响。

③ 观察系统结构和稳态误差之间的关系。

【实验内容】

① 编写 MATLAB 程序,判断闭环系统的稳定性,并绘制其零极点分布图。

② 计算当输入分别为单位阶跃信号、单位斜坡信号和单位加速度信号时控制系统的稳态误差。

【实验步骤】

(1) 稳定性分析

系统的稳定性可以根据系统的闭环极点来判断,而系统的闭环极点即为其闭环传递函数分母多项式的根,可以通过 MATLAB 函数库中的 tf2zp 函数求出系统的零极点,或者通过 root 函数求出分母多项式的根来确定系统的闭环极点。

示例 1:已知单位负反馈控制系统的开环传递函数为 $G(s)=\dfrac{0.4(s+5)}{s(s+1)(s+1.4)(s+6)}$,试用 MATLAB 编写程序来判断闭环系统的稳定性,并绘制闭环系统的零极点分布图。

双击打开 MATLAB 软件,在命令行窗口输入以下程序代码:

```
z=-5
p=[0,-1,-1.4,-6]
k=0.4
Go=zpk(z,p,k)
Gc=feedback(Go,1)
Gctf=tf(Gc)
dc=Gctf.den
dens=poly2str(dc{1},'s')
```

**注意:**MATLAB 命令行窗口换行使用“Shift+Enter”。

输入完毕后,运行程序,运行结果如下:

```
dens=
```

```
's^4+8.4s^3+15.8s^2+8.8s+2'
```

dens 是系统的特征多项式,接着输入以下程序代码:

```
den=[1,4.2,3.95,1.25,0.5]
p=roots(den)
```

输入完毕后,运行程序,运行结果如下:

```
p=
  -3.0058+0.0000i
  -1.0000+0.0000i
  -0.0971+0.3961i
  -0.0971-0.3961i
```

p 是特征多项式 dens 的根,即系统的闭环极点。由运行结果可知,系统所有闭环极点的实部均为负,因此该闭环系统是稳定的。

下面绘制闭环系统的零极点分布图,在命令行窗口输入以下程序代码:

```
z=-5
p=[0,-1,-1.4,-6]
k=0.4
Go=zpk(z,p,k)
Gc=feedback(Go,1)
Gctf=tf(Gc)
[z,p,k]=zpkdata(Gctf,'v')
pzmap(Gctf)
grid
```

运行结果如下:

```
z=
   -5.0000
p=
  -6.0029 + 0.0000i
  -1.6731 + 0.0000i
  -0.3620 + 0.2609i
  -0.3620 - 0.2609i
k=
  0.4000
```

生成的闭环系统零极点分布图如图 2-1-22 所示。

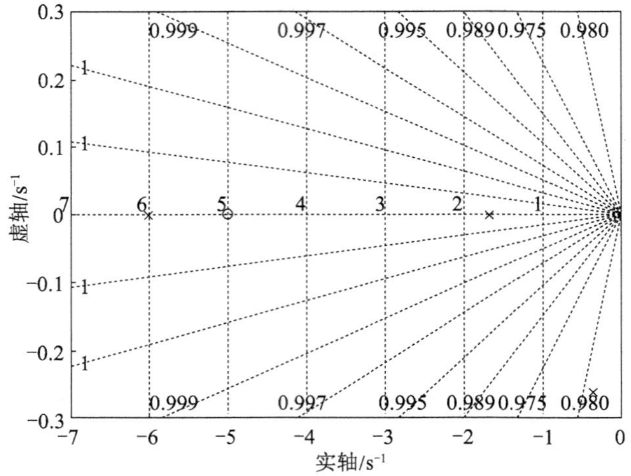


**图 2-1-22　示例 1 的闭环系统零极点分布图**

操作 1：已知单位负反馈控制系统的开环传递函数为 $G(s)=\dfrac{k(s+5)}{s(s+0.5)(s+0.7)(s+3)}$，当 $k$ 分别取 1,10,100 时，利用 MATLAB 编写程序判断闭环系统的稳定性。

（2）稳态误差分析

示例 2：已知如图 2-1-23 所示的控制系统的开环传递函数为 $G(s)=\dfrac{s+5}{s^2(s+10)}$，计算当输入分别为单位阶跃信号、单位斜坡信号和单位加速度信号时的稳态误差。

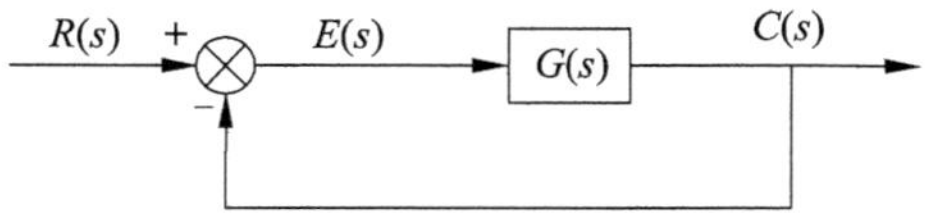


**图 2-1-23　控制系统的结构图**

打开 MATLAB 软件，启动 Simulink，在空白模型处单击“创建模型”按钮，新建一个空白仿真操作界面。从 Simulink 图形库浏览器中用鼠标分别拖拽求和（Sum）模块、零极点（Zero-Pole）模块、示波器（Scope）模块至仿真操作界面，利用零极点模块构建系统的开环传递函数 $G(s)$，并按图 2-1-24 连接。

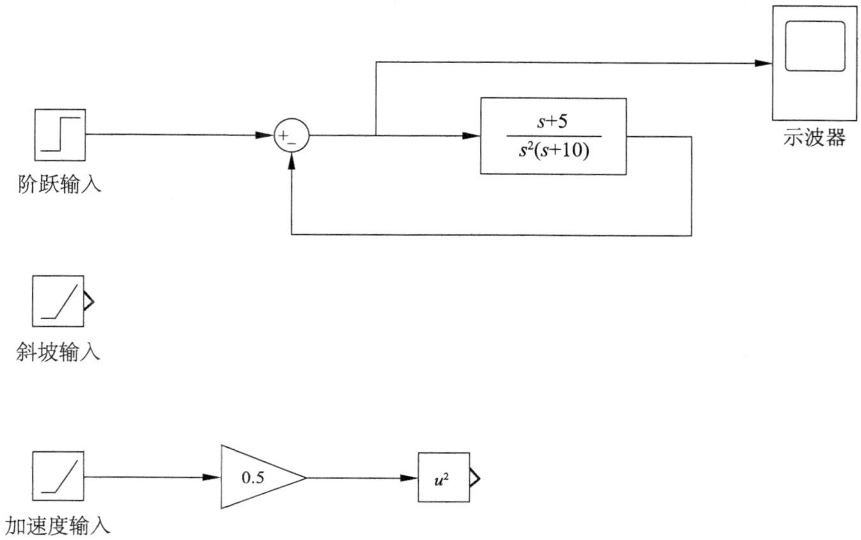


**图 2-1-24　系统稳态误差分析仿真框图**

输入信号分别选择阶跃输入(Step)模块、斜坡输入(Ramp)模块和加速度输入模块。这里的加速度输入模块由斜坡输入(Ramp)模块、增益(Gain)模块、数学函数(Math Function)模块连接而成。其中,加速度信号通过设置数学函数模块的函数选项为“square”来获得,如图 2-1-25 所示。

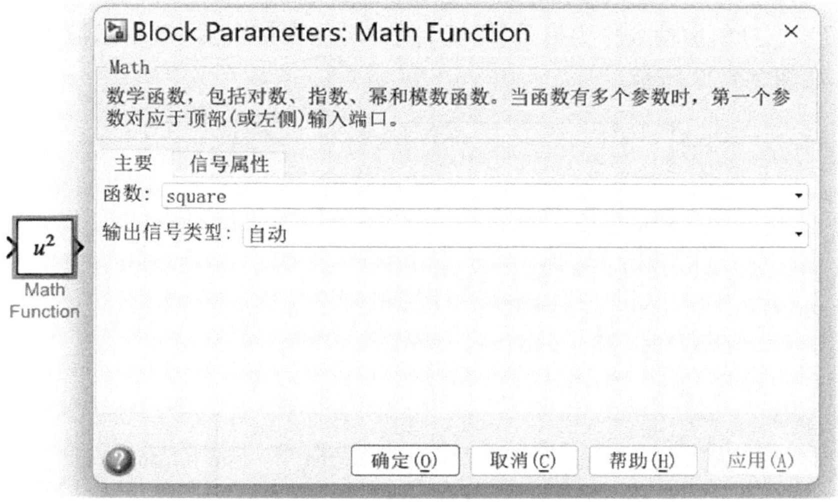


**图 2-1-25　数学函数模块参数设置**

为观察到较为完整的响应曲线变化，将求解器参数中的仿真时长设置为300，如图 2-1-26 所示。

图 2-1-26　仿真时长设置

① 选择阶跃输入作为信号源，运行仿真，仿真结束后，双击示波器，输出波形如图 2-1-27 所示。

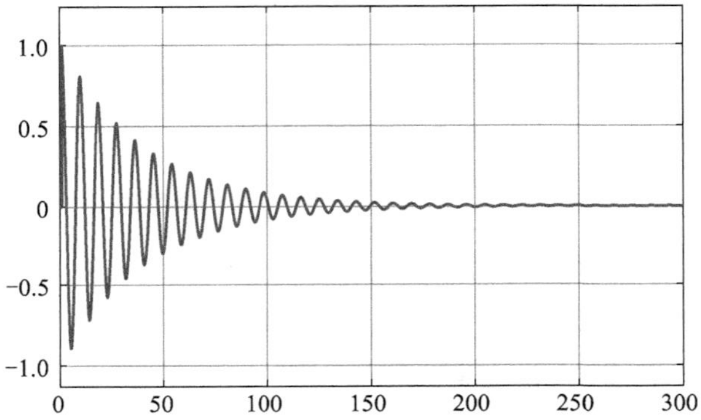


图 2-1-27　示例 2 单位阶跃输入时的系统稳态误差

② 选择斜坡输入作为信号源，运行仿真，仿真结束后，双击示波器，输出波形如图 2-1-28 所示。

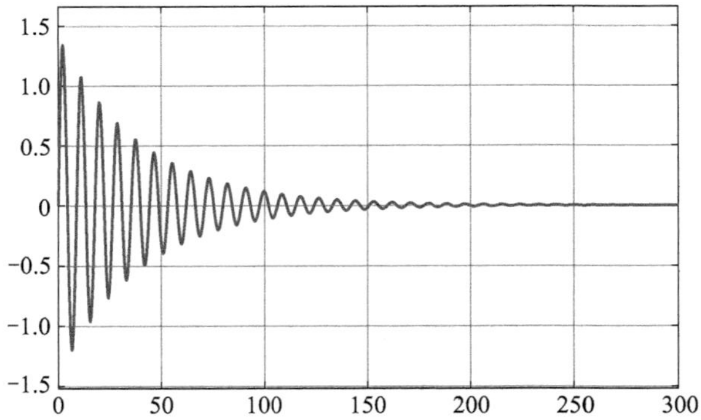


图 2-1-28　示例 2 单位斜坡输入时的系统稳态误差

③ 选择加速度输入作为信号源，运行仿真，仿真结束后，双击示波器，输

出波形如图 2-1-29 所示。

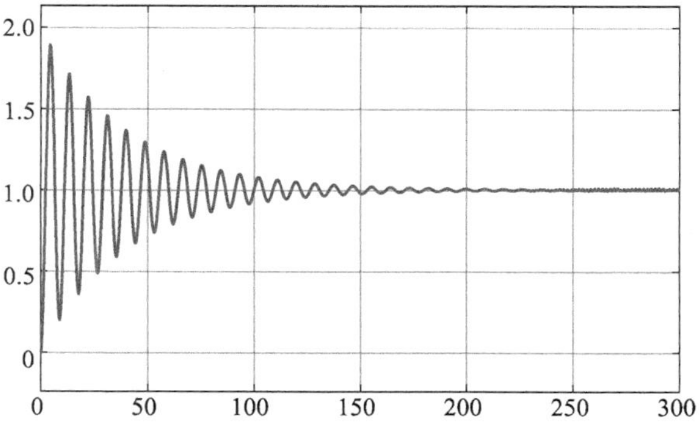


**图 2-1-29　示例 2 加速度输入时的系统稳态误差**

从图 2-1-27、图 2-1-28 和图 2-1-29 中可以看出不同输入下的系统稳态误差。由于该系统为Ⅱ型系统，在阶跃输入和斜坡输入下，系统的稳态误差为 0，在加速度输入下，存在稳态误差。

操作 2：若将系统变为Ⅰ型系统，$G(s)=\dfrac{5}{s(s+10)}$，输入仍分别为阶跃输入、斜坡输入和加速度输入，通过仿真分析系统的稳态误差。

【实验报告要求】

① 实验目的、内容、步骤。

② 写出操作 1 的程序代码，记录运行结果。

③ 画出操作 2 各种情况下的系统阶跃响应曲线。

④ 分析以下问题：

a. 系统增益 $K$ 变化对系统稳定性的影响。

b. 系统型数和系统输入对系统稳态误差的影响。

⑤ 实验体会。

### 2.1.4　典型环节（或系统）频率特性分析实验

#### 2.1.4.1　基于实验系统的模拟操作实验

【实验目的】

① 学习和掌握典型环节（或系统）频率特性的测试方法。

② 观察典型环节（或系统）的频率特性曲线。

【实验内容】

① 测试惯性环节的频率特性。

② 测试典型二阶系统的频率特性。

③ 测量一阶惯性环节和典型二阶系统的频率特性参数,并与理论值作比较。

【实验原理】

(1) 一阶惯性环节传递函数和频率特性

一阶惯性环节的传递函数为

$$G(s)=\frac{K}{Ts+1} \tag{2-1-13}$$

取 $s=\mathrm{j}\omega$ 代入,得一阶惯性环节的频率特性为

$$G(\mathrm{j}\omega)=\frac{K}{\mathrm{j}\omega T+1}=A(\omega)\mathrm{e}^{\mathrm{j}\varphi(\omega)} \tag{2-1-14}$$

(2) 典型二阶系统传递函数和频率特性

典型二阶系统的结构如图 2-1-30 所示。

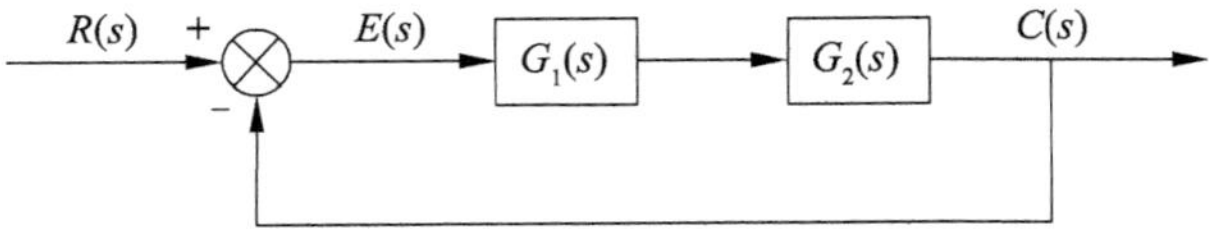


图 2-1-30　典型二阶系统的结构图

系统的开环传递函数为

$$G(s)=G_1(s)G_2(s) \tag{2-1-15}$$

以角频率 $\omega$ 为参数的对数幅频特性和相频特性为

$$L(\omega)=20\lg|G(\mathrm{j}\omega)|,G(\omega)=\angle G(\mathrm{j}\omega) \tag{2-1-16}$$

以角频率 $\omega$ 为参数的实频特性和虚频特性为

$$\begin{cases}\mathrm{Re}(\omega)=\mathrm{Re}[G(\mathrm{j}\omega)]=|G(\mathrm{j}\omega)|\cos[G(\omega)]\\ \mathrm{Im}(\omega)=\mathrm{Im}[G(\mathrm{j}\omega)]=|G(\mathrm{j}\omega)|\sin[G(\omega)]\end{cases} \tag{2-1-17}$$

系统的闭环传递函数为

$$\varphi(s)=\frac{C(s)}{R(s)}=\frac{G_1(s)G_2(s)}{1+G_1(s)G_2(s)H(s)} \tag{2-1-18}$$

以角频率 $\omega$ 为参数的对数幅频特性和相频特性为

$$L(\omega)=20\lg|\varphi(\mathrm{j}\omega)|,\varphi(\omega)=\angle\varphi(\mathrm{j}\omega) \tag{2-1-19}$$

以角频率 $\omega$ 为参数的实频特性和虚频特性为

$$\begin{cases} \mathrm{Re}(\omega)=\mathrm{Re}[\varphi(\mathrm{j}\omega)]=|\varphi(\mathrm{j}\omega)|\cos[\varphi(\omega)] \\ \mathrm{Im}(\omega)=\mathrm{Im}[\varphi(\mathrm{j}\omega)]=|\varphi(\mathrm{j}\omega)|\sin[\varphi(\omega)] \end{cases} \tag{2-1-20}$$

【实验步骤】

(1) 一阶惯性环节频率特性测试

① 构造模拟电路。

一阶惯性环节的频率特性模拟电路如图 2-1-31 所示，按图 2-1-31 安置短路套及插孔连线。

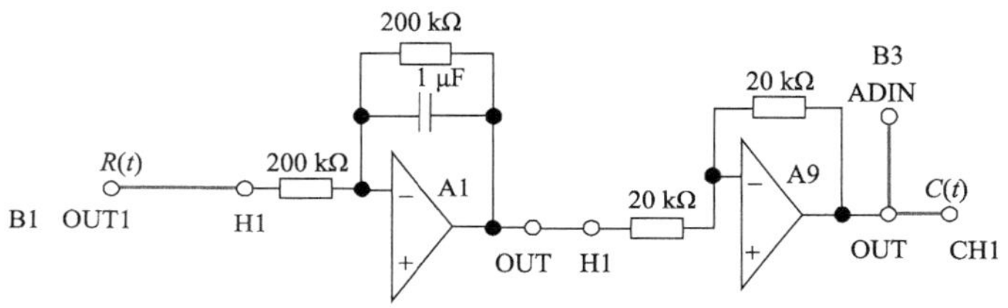


**图 2-1-31　一阶惯性环节的频率特性模拟电路**

② 运行、观察、测量、记录。

a. 在上位机软件中选择实验单元“系统的频域分析/一阶惯性环节频率特性曲线”，将弹出“频率特性扫描点”设置表，用户可在设置表中根据需要填入各个扫描点的角频率，设置完后，单击“确认”键，将弹出“频率特性曲线”实验界面，单击“开始”键，即可按表中规定的角频率值按序自动产生多种频率信号，画出频率特性曲线。

b. 测试结束后(约 5 分钟)，将显示被测系统的对数幅频/相频特性曲线(伯德图)和幅相特性曲线(奈奎斯特图)，示例见图 2-1-32。单击“测试数据”键，可查看相应测试数据。

c. 惯性增益 $K$ 和惯性时间常数 $T$ 的测量。

根据幅相特性曲线和测试数据，从幅相特性曲线中半圆的直径可得到一阶惯性环节的惯性增益 $K$，即 $K=A(0)$。在对数相频特性曲线上取一点 $\omega_n$，结合测试数据，由公式 $T=-\dfrac{\tan\varphi(\omega_n)}{\omega_n}$ 计算得到一阶惯性环节的惯性时间常数 $T$，并将所得数据填入表 2-1-6。

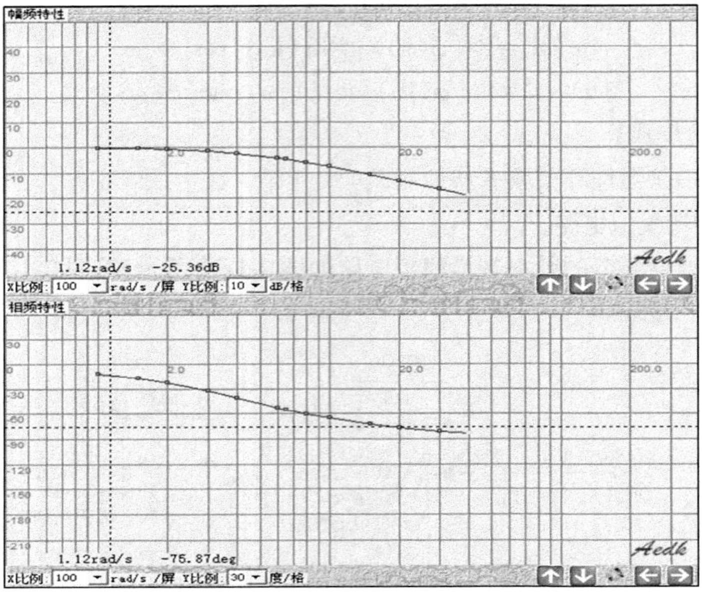


(a) 伯德图

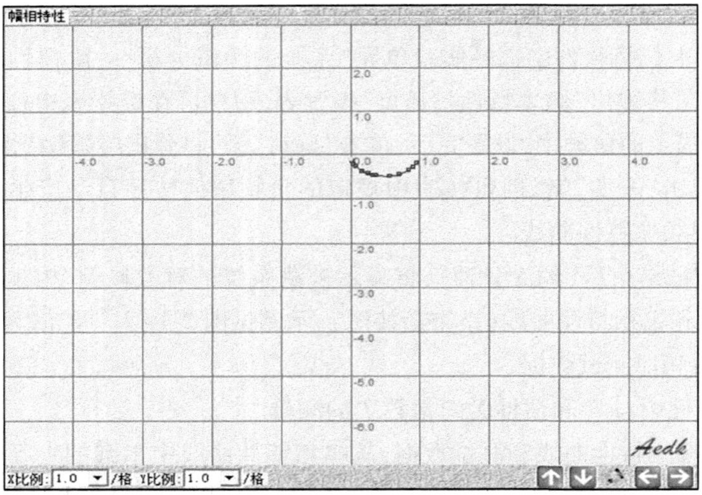


(b) 奈奎斯特图

**图 2-1-32　一阶惯性环节的频率特性曲线**

**表 2-1-6　一阶惯性环节频率特性测试数据记录表**

| | |
|---|---|
| 惯性增益 $K$ | |
| 惯性时间常数 $T$/s | |

（2）典型二阶系统频率特性测试

① 构造模拟电路。

典型二阶系统的频率特性模拟电路如图 2-1-33 所示，按图 2-1-33 安置短路套及插孔连线。

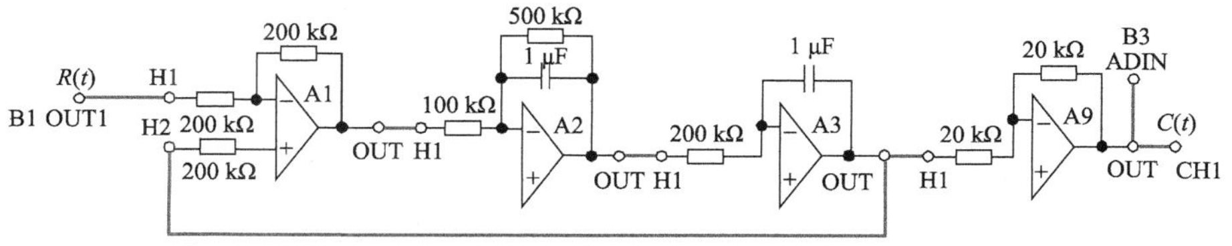


**图 2-1-33　典型二阶系统的频率特性模拟电路**

② 运行、观察、测量、记录。

a. 在上位机软件中选择实验单元“系统的频域分析/二阶闭环系统频率特性曲线”，将弹出“频率特性扫描点”设置表，用户可在设置表中根据需要填入各个扫描点的角频率，设置完后，单击“确认”键，将弹出“频率特性曲线”实验界面，单击“开始”键，即可按表中规定的角频率值按序自动产生多种频率信号，画出频率特性曲线。

b. 测试结束后（约 5 分钟），将显示被测系统的开环-对数幅频/相频特性曲线（伯德图）和幅相特性曲线（奈奎斯特图），示例见图 2-1-34。

c. 测量幅值穿越频率 $\omega_c$ 和相位裕度 $\gamma$。

在“显示选择”选项卡中选择“开环-幅频特性”界面，移动 $L$ 标尺和 $\omega$ 标尺到曲线 $L(\omega)=0$ 处，即可读出幅值穿越频率 $\omega_c$。

在“显示选择”选项卡中选择“开环-相频特性”界面，移动 $\varphi$ 标尺到 $\omega$ 标尺（为 $\omega_c$ 时）与曲线相交处，可读出该角频率的 $\varphi$ 值，计算出相位裕度 $\gamma=\varphi-(-180°)$，示例见图 2-1-35a。

d. 测量谐振频率 $\omega_r$ 和谐振峰值 $L(\omega_r)$。

在“显示选择”选项卡中选择“闭环-幅频特性”界面，移动 $L$ 标尺和 $\omega$ 标尺到曲线 $L(\omega)$ 峰值处，即可读出谐振频率 $\omega_r$ 和谐振峰值 $L(\omega_r)$ 的大小，示例见图 2-1-35b。

e. 测量开环放大倍数 $K$。

在“显示选择”选项卡中选择“开环-幅频特性”界面，点击“测试数据”键，根据相应“开环-幅频特性”测试数据，由公式 $L(\omega=1)=20\lg K$ 计算得到二阶系统的开环放大倍数 $K$。

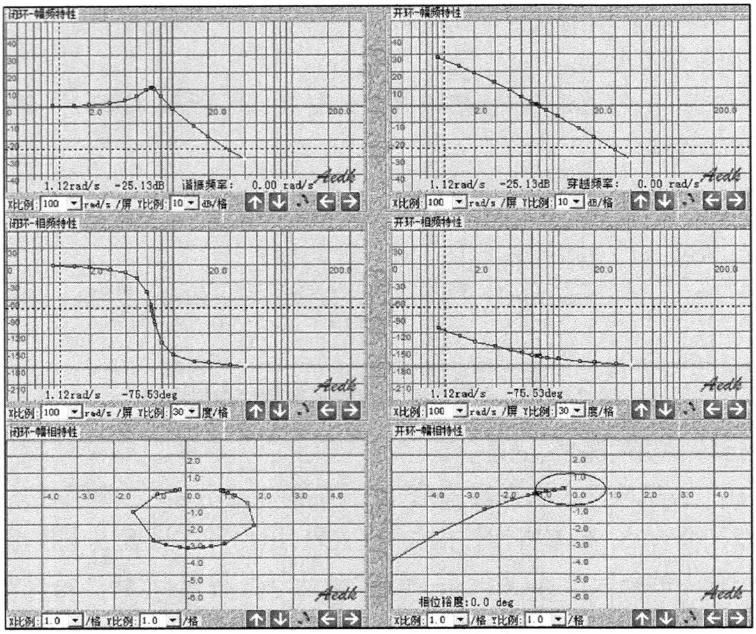


**图 2-1-34　典型二阶系统的频率特性曲线**

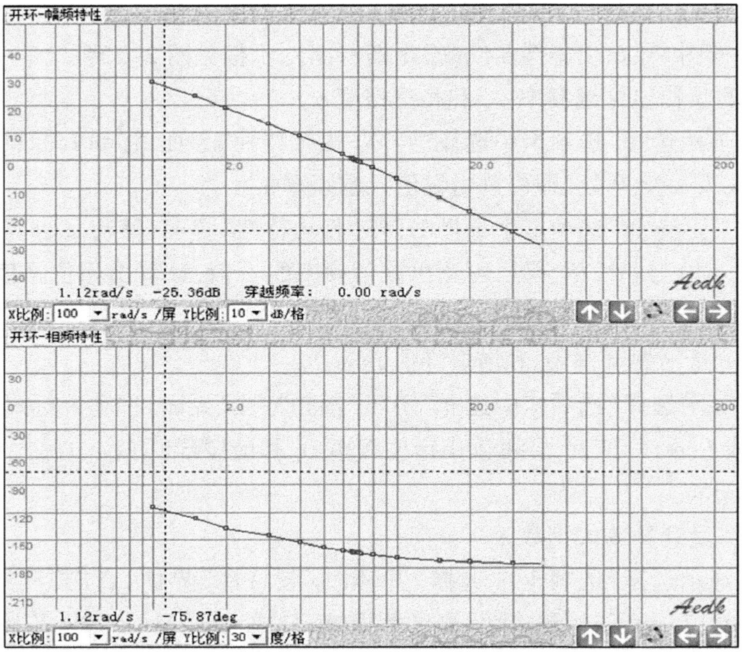


(a) 开环-伯德图

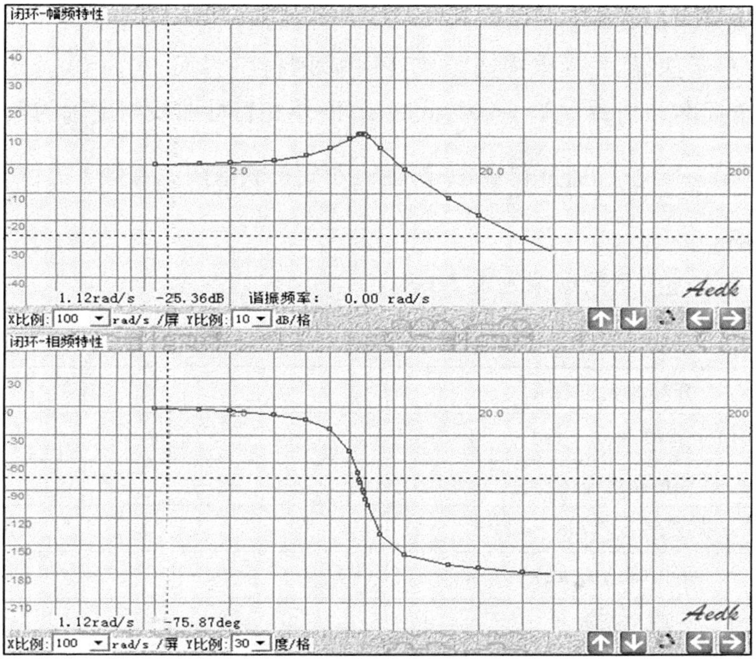


(b) 闭环-伯德图

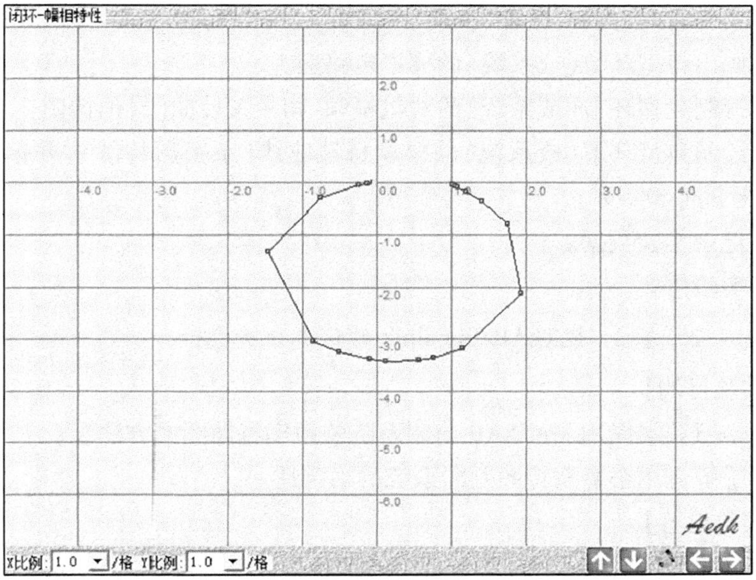


(c) 闭环-奈奎斯特图

**图 2-1-35　典型二阶系统的频率特性曲线**

f. 测量阻尼系数 $\zeta$。

在“显示选择”选项卡中选择“闭环-幅相特性”界面，当 $\omega=\omega_n$(无阻尼自然振荡角频率)时，$\varphi(\omega_n)=-90°$，此时闭环-幅相特性曲线与虚轴的负半轴相交，幅值 $A(\omega)=\frac{1}{2\zeta}$。通过测量 $A(\omega)$ 的大小间接获取阻尼系数 $\zeta$ 的值，示例见图 2-1-35c。

g. 将上述测量数据填入表 2-1-7。

**表 2-1-7　典型二阶系统频率特性测试数据记录表**

| | |
|---|---|
| 开环放大倍数 $K$ | |
| 幅值穿越频率 $\omega_c/(\mathrm{rad\cdot s^{-1}})$ | |
| 相位裕度 $\gamma/(°)$ | |
| 谐振频率 $\omega_r/(\mathrm{rad\cdot s^{-1}})$ | |
| 谐振峰值 $L(\omega_r)$ | |
| 阻尼系数 $\zeta$ | |

【实验报告要求】

① 实验目的、内容、原理、步骤。

② 画出典型环节(或系统)的模拟电路图。

③ 绘制典型环节(或系统)的对数幅频/相频特性曲线(伯德图)。

④ 绘制典型环节(或系统)的幅相特性曲线(奈奎斯特图)，并标出频率 $\omega$ 的变化方向($0\to\infty$)。

⑤ 记录实验数据。

⑥ 实验体会。

2.1.4.2　基于 MATLAB/Simulink 的仿真分析实验

【实验目的】

① 学习和掌握用 MATLAB 绘制系统的频率特性图的方法。

② 了解运用奈奎斯特图判断系统的稳定性。

【实验内容】

① 编写 MATLAB 程序，生成系统的奈奎斯特图，并判断系统的稳定性。

② 编写 MATLAB 程序，生成系统的伯德图，并计算系统的稳定裕度。

【实验步骤】

（1）奈奎斯特图的绘制及稳定性的判断

MATLAB 函数库中的 nyquist 函数可以用来计算连续线性定常系统的频率响应。其中,命令 nyquist(num,den)将画出下列传递函数的奈奎斯特图。

$$G(s)=\frac{b_m s^m+b_{m-1}s^{m-1}+\cdots+b_1 s+b_0}{a_n s^n+a_{n-1}s^{n-1}+\cdots+a_1 s+a_0} \qquad (2\text{-}1\text{-}21)$$

式中:num=[$b_m,b_{m-1},\cdots,b_1,b_0$];den=[$a_n,a_{n-1},\cdots,a_1,a_0$]。

示例 1:已知某控制系统的开环传递函数为 $G(s)=\dfrac{50}{(s+5)(s-2)}$,试用 MATLAB 绘制系统的奈奎斯特图,并判断系统的稳定性。

双击打开 MATLAB 软件,在命令行窗口输入以下程序代码:

```
num=[50]
den=[1,3,-10]
nyquist(num,den)
axis([-6 2 -2 0])
```

输入完毕后,运行程序,生成的系统奈奎斯特图如图 2-1-36 所示。

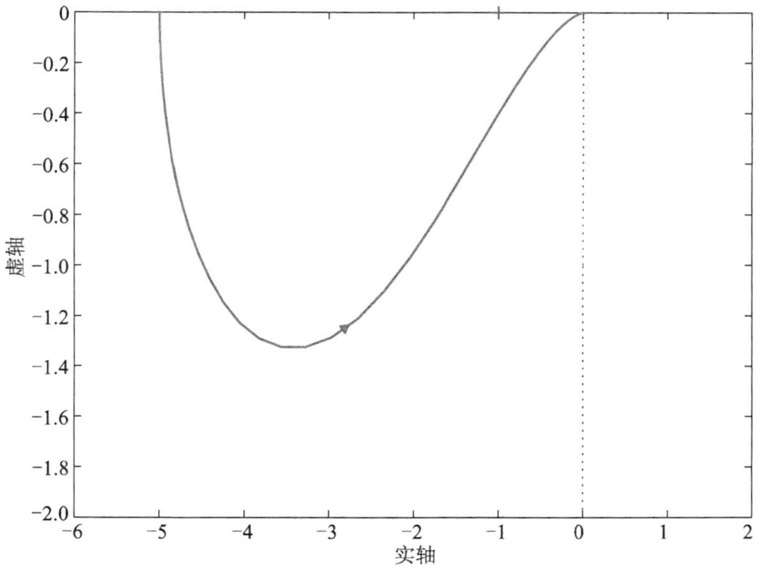


**图 2-1-36　示例 1 系统的奈奎斯特图**

由图 2-1-36 可知,奈奎斯特曲线逆时针围绕点(-1,j0)半圈,而开环系统在右半平面有一个极点,因此系统稳定。

操作 1:已知系统的开环传递函数为 $G(s)=\dfrac{50}{(s+5)(s-2)}$,试用 MATLAB 分别绘制 $K=1,5,20$ 时系统的奈奎斯特图,并判断系统的稳定性。

(2) 伯德图的绘制及稳定裕度的计算

MATLAB 函数库中的 bode 函数同样可以用来计算连续线性定常系统的频率响应。其中,命令 bode(num,den)可以绘制以多项式形式传递函数表示的伯德图。

示例 2:已知典型二阶系统的传递函数为 $G(s)=\dfrac{\omega_n^2}{s^2+2\zeta\omega_n s+\omega_n^2}$,其中 $\omega_n=0.7$,试用 MATLAB 绘制 $\zeta=0.1,0.4,1,1.5,3$ 时系统的伯德图。

双击打开 MATLAB 软件,在命令行窗口输入以下程序代码:

```
w=logspace(-2,2,200)
wn=0.7
zeta=[0.1,0.4,1,1.5,3]
for j=1:5
sys=tf([wn*wn],[1,2*zeta(j)*wn,wn*wn])
bode(sys,w)
hold on
end
gtext('zeta=0.1')
gtext('zeta=0.4')
gtext('zeta=1')
gtext('zeta=1.5')
gtext('zeta=3')
```

输入完毕后,运行程序,生成的系统伯德图如图 2-1-37 所示。

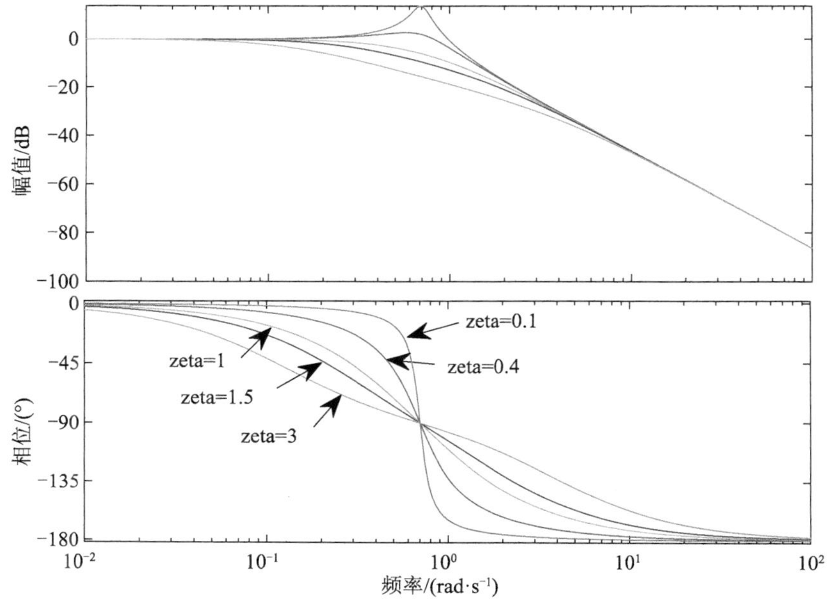


**图 2-1-37　示例 2 典型二阶系统的伯德图**

示例 3：已知一高阶系统的传递环数为 $G(s)=\dfrac{5(0.0167s+1)}{s(0.03s+1)(0.0025s+1)(0.001s+1)}$，试用 MATLAB 绘制系统的伯德图，并计算系统的幅值穿越频率 $\omega_c$ 和相位裕度 $\gamma$。

双击打开 MATLAB 软件，在命令行窗口输入以下程序代码：

```
num=5*[0.0167,1]
den=conv(conv([1,0],[0.03,1]),conv([0.0025,1],[0.001,
    1]))
sys=tf(num,den)
w=logspace(0,4,50)
bode(sys,w)
grid
[Wc,Pm]=margin(sys)
```

输入完毕后，运行程序，生成的系统伯德图如图 2-1-38 所示。

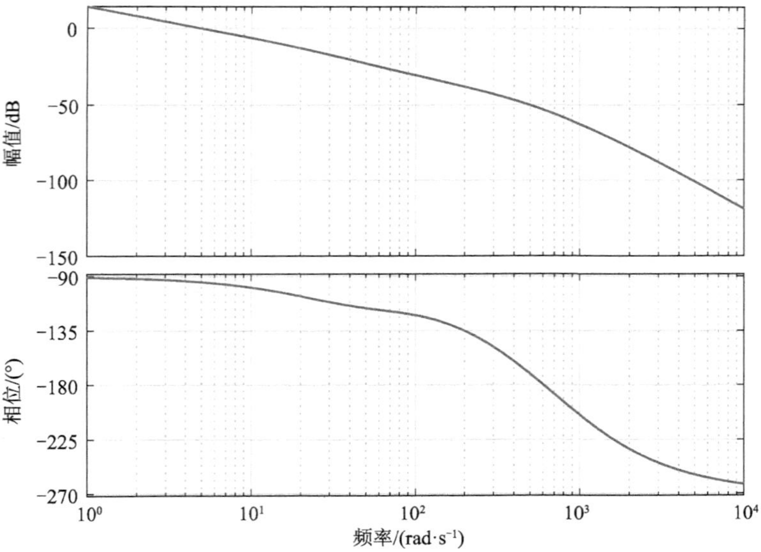


**图 2-1-38　示例 3 高阶系统的伯德图**

运行结果如下：

```
Gm =
  455.4076
Pm =
  85.2751
Wg =
  602.5259
Wc =
  4.9620
```

由运行结果可知，系统的幅值裕度 $L_g = 455.4076$，相位裕度 $\gamma = 85.2751°$，相位穿越频率 $\omega_g = 602.5259$ rad/s，幅值穿越频率 $\omega_c = 4.9620$ rad/s。

操作 2：已知一高阶系统的传递环数为 $G(s)=\dfrac{100(0.5s+1)}{s(s+1)(0.1s+1)(0.05s+1)}$，试用 MATLAB 绘制系统的伯德图，并计算系统的稳定裕度。

【实验报告要求】

① 实验目的、内容、步骤。

② 写出操作 1 和 2 的程序代码，记录运行结果。

③ 画出操作 1 和 2 生成的奈奎斯特图和伯德图。

④ 分析系统增益变化对其稳定性的影响。

⑤ 实验体会。

## 2.1.5　线性系统串联校正实验

### 2.1.5.1　基于实验系统的模拟操作实验

【实验目的】

① 了解串联校正装置对线性系统稳定性和动态特性的影响。

② 掌握串联校正装置的设计方法和参数调试技术。

③ 掌握设计给定系统的超前校正环节的方法,并通过模拟操作验证校正环节的正确性。

【实验内容】

① 观察未校正系统的阶跃响应曲线,测量校正前系统的超调量 $\sigma\%$、调节时间 $t_s$、峰值时间 $t_p$。

② 根据动态特性要求设计串联校正装置。

③ 观察添加串联校正装置后系统的阶跃响应曲线,测量校正后系统的超调量 $\sigma\%$、调节时间 $t_s$、峰值时间 $t_p$,并分析校正装置对系统动态性能和稳定性的影响。

【实验原理】

(1) 有源超前校正装置

有源超前校正装置通常由运算放大器组成,其校正原理是利用校正装置的相位超前特性,使原系统中频段斜率由−40 dB/dec 变为−20 dB/dec,并占据较大的频率范围,从而使原系统相位裕度增大,动态过程中的超调量降低,同时使原系统开环截止频率增大,闭环系统带宽增大,响应速度加快。有源超前校正装置的模拟电路和伯德图如图 2-1-39 所示。

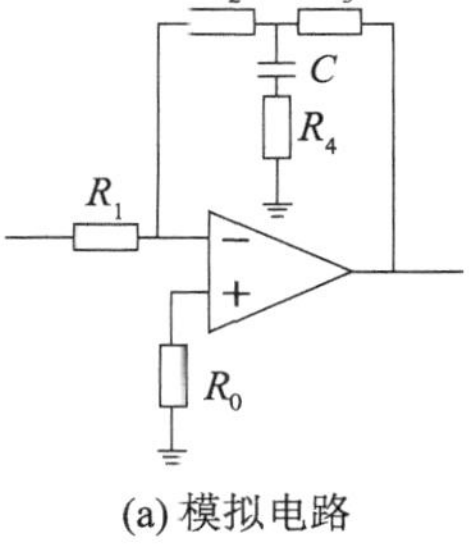


(a) 模拟电路

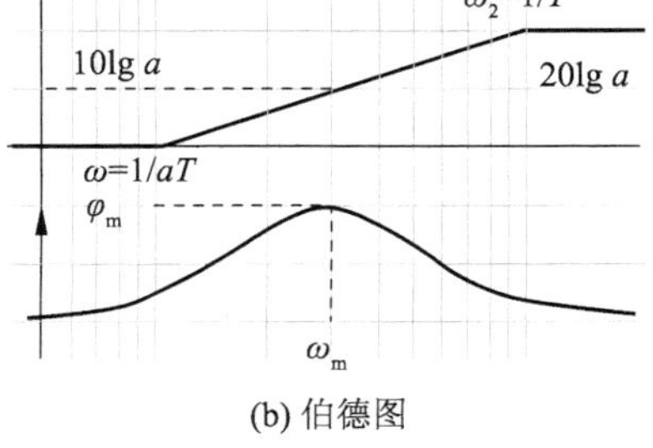


(b) 伯德图

**图 2-1-39　有源超前校正装置的结构原理图**

有源超前校正装置的传递函数为

$$G_c(s) = -K_c \frac{\tau s+1}{Ts+1} \tag{2-1-22}$$

式中：$K_c = \frac{R_2+R_3}{R_1}$；$\tau = \left(\frac{R_2R_3}{R_2+R_3}+R_4\right)C$；$T=R_4C(\tau>T)$。

在设计超前校正装置时，应使装置的最大超前相位角 $\varphi_m$ 尽可能出现在校正后的系统的幅值穿越频率 $\omega_c'$ 处，即 $\omega_m=\omega_c'$。

（2）未添加串联超前校正装置的二阶闭环系统分析

未添加串联超前校正装置的二阶闭环系统的结构图如图 2-1-40 所示。

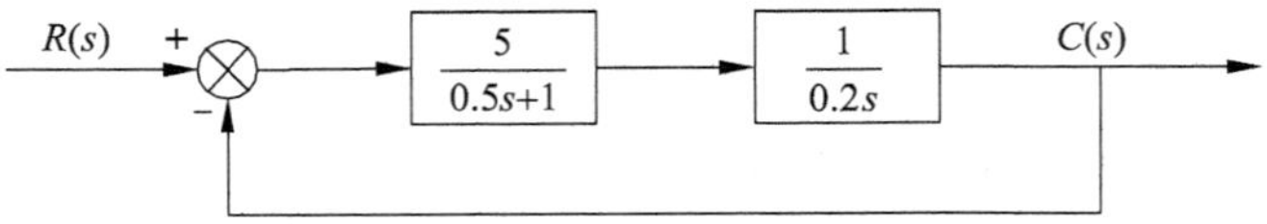


**图 2-1-40　未添加串联超前校正装置的二阶闭环系统结构图**

系统的开环传递函数为

$$G(s) = \frac{5}{0.2s(0.5s+1)} = \frac{25}{s(0.5s+1)} \tag{2-1-23}$$

系统的闭环传递函数为

$$W(s) = \frac{G(s)}{1+G(s)} = \frac{50}{s^2+2s+50} = \frac{\omega_n^2}{s^2+2\zeta\omega_n s+\omega_n^2} \tag{2-1-24}$$

（3）串联超前校正的目标

通过添加串联超前校正装置，使校正后系统满足以下时域性能指标要求：

① 校正后系统的静态速度误差系数（开环增益）$K_v \geqslant 25\ \mathrm{s}^{-1}$。

② 校正后系统的超调量 $\sigma\% \leqslant 25\%$。

③ 校正后系统的调节时间 $t_s \leqslant 1\ \mathrm{s}$。

（4）串联超前校正装置的时域设计

根据校正后系统对超调量的要求 $\sigma\% = e^{-\zeta\pi/\sqrt{1-\zeta^2}} \leqslant 25\%$，可以得到 $\zeta \geqslant 0.4$。

由 $t_s = \frac{4}{\zeta\omega_n} \leqslant 1\ \mathrm{s}$，可以得到 $\zeta\omega_n \geqslant 4$。

因为校正后系统要求满足 $K_v \geqslant 25\ \mathrm{s}^{-1}$，所以令校正后系统的开环传递函数仍包含一个积分环节，且放大倍数为 25。

本实验中采用的是串联超前校正网络,设串联超前校正网络的传递函数为 $D(s)$,则添加串联超前校正装置后的系统开环传递函数为

$$D(s)G(s)=D(s)\frac{25}{s(0.5s+1)} \tag{2-1-25}$$

采用相消法,令 $D(s)=\frac{0.5s+1}{Ts+1}$($T$ 为待确定参数),可以得到添加串联超前校正装置后的系统开环传递函数为

$$D(s)G(s)=\frac{0.5s+1}{Ts+1}\cdot\frac{25}{s(0.5s+1)}=\frac{25}{s(Ts+1)} \tag{2-1-26}$$

综合上述分析,可得添加串联超前校正装置后的系统闭环传递函数为

$$W(s)=\frac{D(s)G(s)}{1+D(s)G(s)}=\frac{\frac{25}{T}}{s^2+\frac{1}{T}s+\frac{25}{T}}=\frac{\omega_n^2}{s^2+2\zeta\omega_n s+\omega_n^2} \tag{2-1-27}$$

对校正后的二阶系统进行分析,可以得到

$$\begin{cases}\omega_n^2=\frac{25}{T}\\ 2\zeta\omega_n=\frac{1}{T}\end{cases} \tag{2-1-28}$$

综合考虑校正后系统的指标要求($\zeta\omega_n\geqslant 4$),取 $T=0.05$,能够满足串联超前校正目标要求。最后得到校正环节的传递函数为

$$D(s)=\frac{0.5s+1}{0.05s+1} \tag{2-1-29}$$

根据串联超前校正装置的传递函数以及图 2-1-39a 所示的有源超前校正装置结构,设计其参数为 $R_1=400\ \text{k}\Omega$, $R_2=R_3=200\ \text{k}\Omega$, $R_4=10\ \text{k}\Omega$, $C=4.7\ \mu\text{F}$。

【实验步骤】

(1) 校正前系统时域特性测试

① 构造模拟电路。

未添加串联超前校正装置的二阶闭环系统的模拟电路如图 2-1-41 所示,按图 2-1-41 安置短路套及插孔连线。

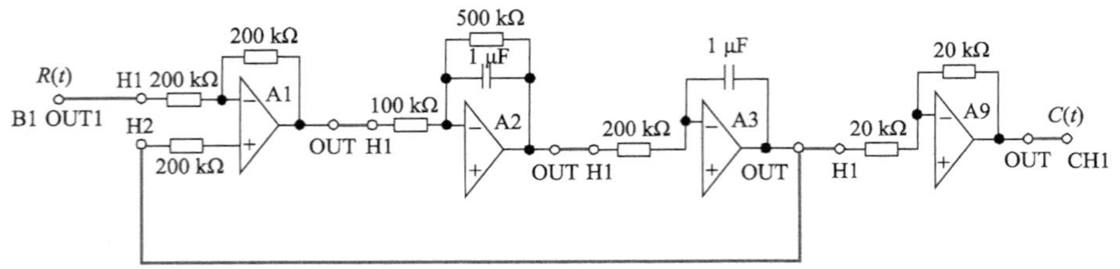


图 2-1-41 未添加串联超前校正装置的二阶闭环系统模拟电路

② 运行、观察、测量、记录。

在上位机软件中选择实验单元"线性系统的校正与状态反馈/频域法串联超前校正/超前校正前时域测试",确认信号源参数大小后,单击"下载""开始"键,运行实验,观察系统的阶跃响应曲线,示例见图 2-1-42。测量其超调量 $\sigma\%$、调节时间 $t_s$ 和峰值时间 $t_p$,并将所得数据填入表 2-1-8。

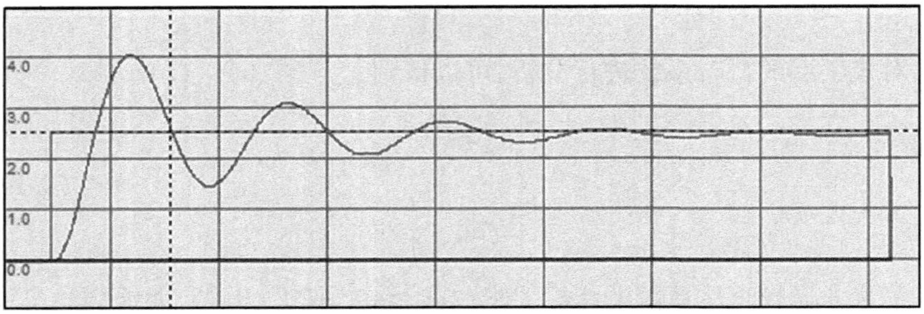


图 2-1-42 未添加串联超前校正装置的系统阶跃响应曲线

表 2-1-8 校正前系统测试数据记录表

| 校正前超调量 $\sigma\%$ | 校正前调节时间 $t_s$/s | 校正前峰值时间 $t_p$/s |
| --- | --- | --- |
| | | |

**注意**:测量调节时间 $t_s$ 时,取±2%误差带。

(2) 校正后系统时域特性测试

① 构造模拟电路。

添加串联超前校正装置的二阶闭环系统的模拟电路如图 2-1-43 所示,按图 2-1-43 安置短路套及插孔连线。

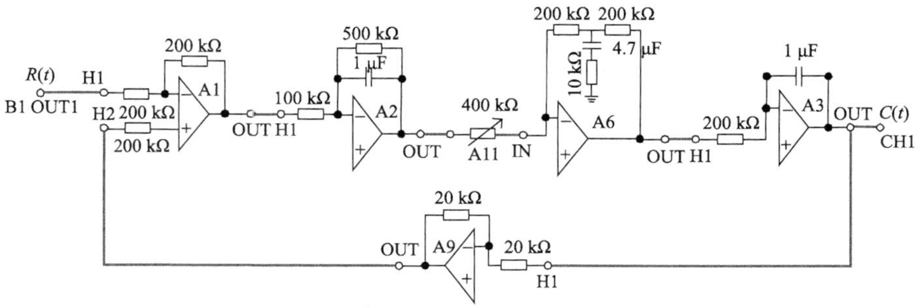


图 2-1-43　添加串联超前校正装置的二阶闭环系统模拟电路

② 运行、观察、测量、记录。

在上位机软件中选择实验单元“线性系统的校正与状态反馈/频域法串联超前校正/超前校正后时域测试”，确认信号源参数默认值后，单击“下载”“开始”键，运行实验，观察系统的阶跃响应曲线，示例见图 2-1-44。测量其超调量 $\sigma\%$、调节时间 $t_s$ 和峰值时间 $t_p$，并将所得数据填入表 2-1-9。

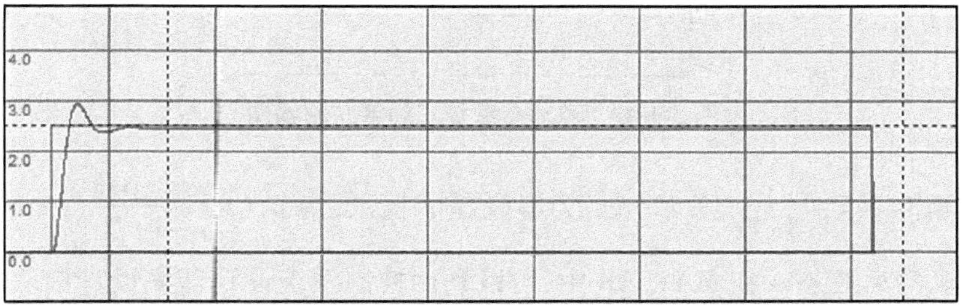


图 2-1-44　添加串联超前校正装置的系统阶跃响应曲线

表 2-1-9　校正后系统测试数据记录表

| 校正后超调量 $\sigma\%$ | 校正后调节时间 $t_s$/s | 校正后峰值时间 $t_p$/s |
|---|---|---|
| | | |

**注意：**测量调节时间 $t_s$ 时，取±2%误差带。

【实验报告要求】

① 实验目的、内容、原理、步骤。

② 画出校正前和校正后系统的模拟电路图。

③ 画出系统校正前和校正后的阶跃响应曲线。

④ 记录校正前和校正后的时域性能指标。

⑤ 分析实验数据，并从时域角度总结校正环节对系统稳定性的影响。

⑥ 实验体会。

2.1.5.2　基于 MATLAB/Simulink 的仿真分析实验

【实验目的】

① 了解串联校正环节对系统动态性能和稳定性的影响。

② 学习使用控制系统设计器(Control System Designer)进行系统设计。

【实验内容】

使用控制系统设计器对控制系统串联超前校正环节进行设计。

【实验步骤】

(1) 了解控制系统设计器的功能

串联校正是指校正环节与原系统相关部分进行串联,如图 2-1-45 所示。$G_c(s)$表示校正环节(也称为补偿器)的传递函数,$G(s)$表示原系统前向通道的传递函数。

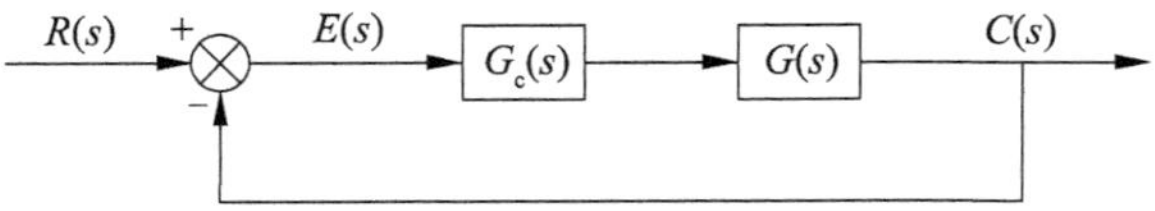


图 2-1-45　添加串联校正的系统结构图

当 $G_c(s)=\dfrac{1+\alpha Ts}{1+Ts}(\alpha>1)$ 时,为串联超前校正;当 $G_c(s)=\dfrac{1+\alpha Ts}{1+Ts}(\alpha<1)$ 时,为串联滞后校正。在 MATLAB 中,可以利用控制系统设计器来设计串联校正环节 $G_c(s)$ 的参数 $T$ 和 $\alpha$。

在命令窗口输入"Control System Designer"命令后运行程序,或者在 App 选项卡点击控制系统设计器图标,将打开一个新的控制系统设计器操作界面,如图 2-1-46 所示。

控制系统设计器是可用于单输入/单输出反馈控制系统校正环节设计的图形化设计工具。通过该工具,用户可以快速完成以下操作:

① 利用根轨迹方法计算系统的闭环特性。

② 针对开环系统伯德图进行系统设计。

③ 添加校正环节的零极点。

④ 设计超前/滞后网络和滤波器。

⑤ 分析闭环系统响应。

⑥ 调整系统幅值或相角裕度。

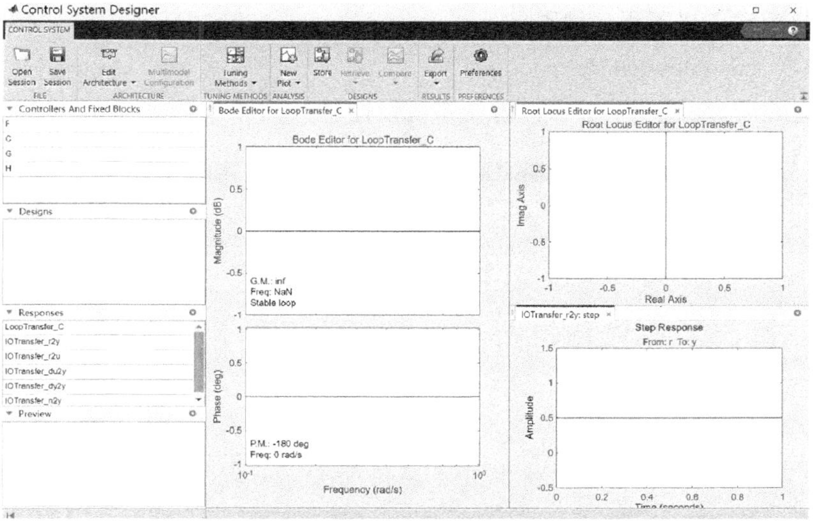


**图 2-1-46　控制系统设计器操作界面**

（2）使用控制系统设计器设计串联超前校正环节

示例 1：在图 2-1-45 所示的串联校正控制系统中，校正前系统的开环传递函数为 $G(s)=\dfrac{2}{s(0.1s+1)(0.3s+1)}$，试用控制系统设计器设计串联超前校正环节，使校正后系统的静态速度误差系数 $K_v \leqslant 6$，相角裕度 $\gamma \geqslant 45°$，绘制校正前后系统的伯德图，并计算校正前后的相角裕度。

串联超前校正环节设计步骤如下：

① 将模型载入控制系统设计器。

首先，在 MATLAB 命令窗口定义模型 $G(s)=\dfrac{2}{s(0.1s+1)(0.3s+1)}$，输入以下代码：

```
num=2
den=conv([0.1,1,0],[0.3,1])
G=tf(num,den)
```

运行结果如下：

```
G=

          2
  ---------------------------
  0.03s^3+0.4s^2+s
```

接着输入以下程序代码：

```
controlSystemDesigner(G)
```

运行程序，将模型 G 载入控制系统设计器，如图 2-1-47 所示。

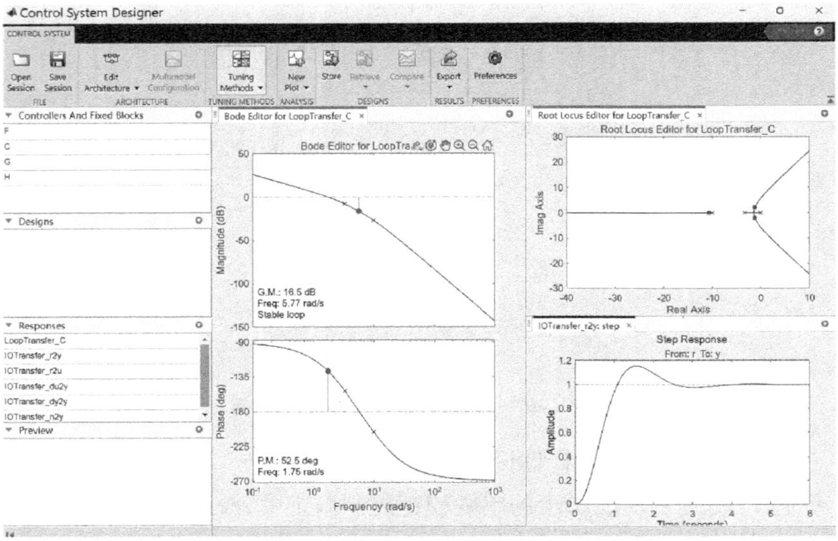


图 2-1-47　示例 1 模型 G 载入后的控制系统设计器操作界面

② 调整当前补偿器增益。

根据题目要求静态速度误差系数 $K_v \leqslant 6$ 计算可知，当前补偿器的增益 $C \leqslant 3$，为方便计算，这里取 $C=3$。在操作界面显示的伯德图上右击鼠标，在弹出的快捷菜单中选择“补偿编辑（Edit Compensator）”选项，将 $C$ 设置为 3，如图 2-1-48 所示。

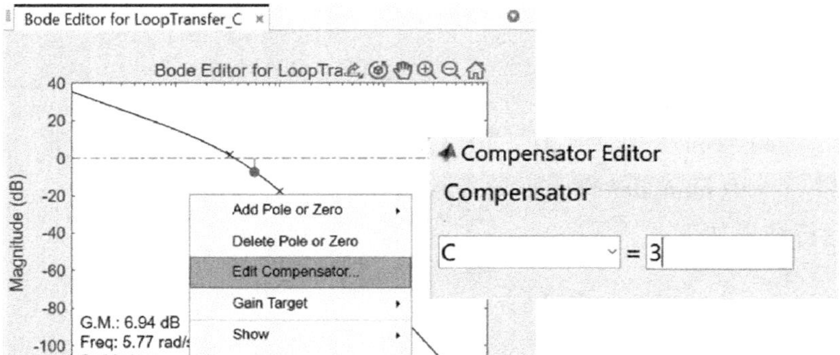


图 2-1-48　当前补偿器增益的设置界面

设置完成后,关闭对话框,控制系统设计器操作界面将生成新的响应曲线,如图 2-1-49 所示。从新生成的伯德图可以看出,改变补偿增益后,系统的相角裕度 $\gamma=21.2°$,当前补偿器未能达到校正设计要求,需要添加校正环节。

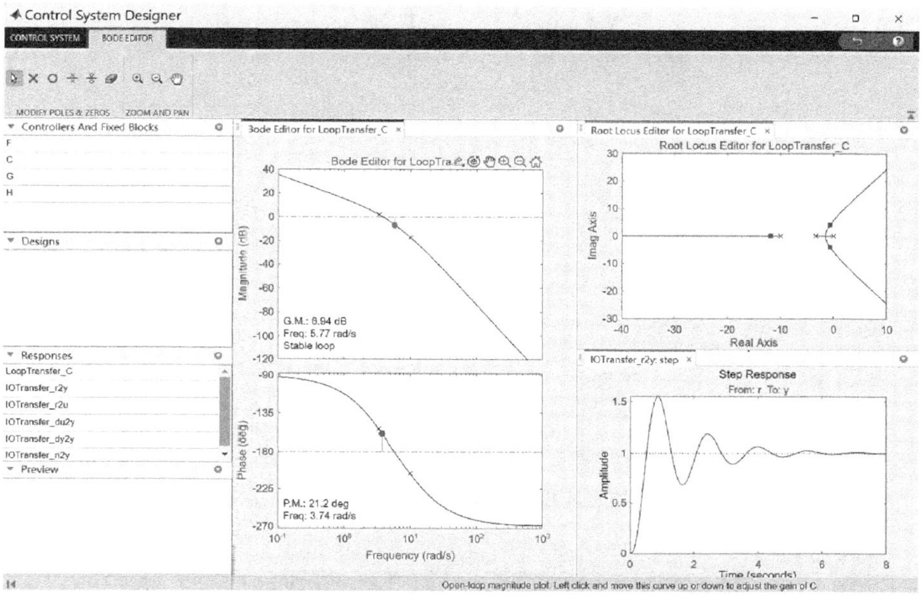


**图 2-1-49　改变当前补偿器增益后的控制系统设计器操作界面**

③ 添加超前校正环节。

在操作界面显示的伯德图上右击鼠标,选择"添加极/零点(Add Pole or Zero)"选项下的"超前(LEAD)"命令,该命令将在控制器中添加一个超前校正环节。单击"超前"命令后,鼠标将变为"×"形状,将鼠标移动到幅频伯德图曲线上接近右侧极点的位置,单击鼠标左键,得到如图 2-1-50 所示的控制系统设计器操作界面。由图 2-1-50 可知,此时系统的相角裕度 $\gamma=28.3°$,仍然不满足校正设计要求,需要进一步调整超前校正环节的参数。

④ 调整超前校正环节的零极点。

将超前校正环节的零点移动到幅频伯德图曲线上接近左侧极点的位置,接着将超前校正环节的极点向右移动,并注意移动过程中相角裕度(图 2-1-51 中的 P. M. 值)的变化。当相角裕度 $\gamma=45.1°$时,超前校正环节满足校正设计要求,如图 2-1-51 所示。

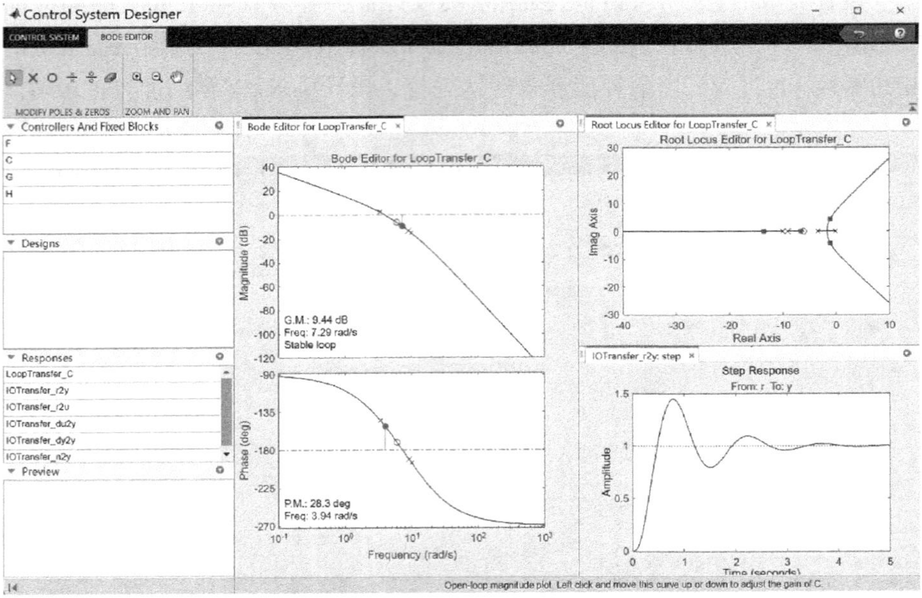


图 2-1-50　添加超前校正环节后的控制系统设计器操作界面

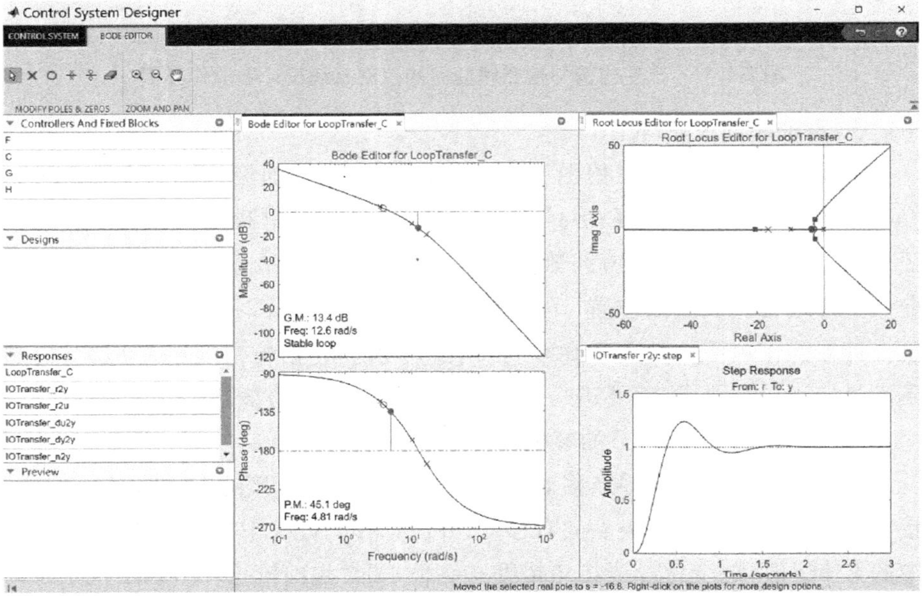


图 2-1-51　满足校正设计要求的控制系统设计器操作界面

再次单击“补偿编辑”选项，将显示满足校正设计要求的校正环节传递函数$G(s)$，如图 2-1-52 所示。此时系统的静态速度误差系数 $K_v=6$，相角裕度 $\gamma=45.1°$。

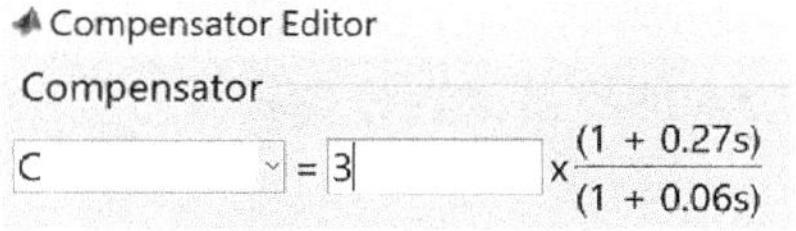


**图 2-1-52　满足校正设计要求的校正环节传递函数**

操作 1：在图 2-1-45 所示的串联校正控制系统中，校正前系统的开环传递函数为 $G(s)=\dfrac{2}{s(0.2s+1)}$，试用控制系统设计器设计串联超前校正环节，使校正后系统的静态速度误差系数 $K_v\leqslant 100$，相角裕度 $\gamma=30°$，绘制校正前后系统的伯德图，并计算校正前后的相角裕度。

【实验报告要求】

① 实验目的、内容、步骤。

② 写出操作 1 的主要步骤和程序代码，记录运行结果。

③ 画出操作 1 校正前后的伯德图，记录相角裕度 $\gamma$。

④ 写出设计的校正环节传递函数。

⑤ 实验体会。

## 2.2　非线性系统实验

本课程实验所涉及的非线性系统数学模型，仅限于非线性部分与线性部分能够分开的系统。

描述函数法保留了线性部分，把非线性部分进行了谐波线性化，然后用线性系统的频率法来研究谐波线性化后的系统性能。这种方法可用于高阶系统，但只能得到频域中有关稳定性方面的信息，而得不到时域分析中所需的相关信息，并且当非线性程度大到不能满足李雅普诺夫小偏差理论的条件时，就不能进行线性化处理，需要用别的方法来研究这类系统。

本节的非线性系统实验是为巩固描述函数法的概念而设，同时也是为了使学生能初步了解如何根据数学模型，采用模拟的手段来实现对非线性系统的研究。

由于学时和篇幅的限制，本节安排了 2 个基于实验系统的模拟操作实验和 2 个基于 MATLAB/Simulink 的仿真分析实验。实验内容分别为典型非线性环节模拟和非线性系统描述函数法研究。

### 2.2.1 典型非线性环节模拟实验

#### 2.2.1.1 基于实验系统的模拟操作实验

【实验目的】

① 学习典型非线性环节的电子模拟方法。

② 观察非线性环节的静态特性。

【实验内容】

① 测试继电型非线性环节的静态特性。

② 测试饱和型非线性环节的静态特性。

③ 测试具有死区特性的非线性环节的静态特性。

④ 测试具有间隙特性的非线性环节的静态特性。

【实验原理】

非线性环节共有 5 种特性，分别为继电特性、饱和特性、死区特性、间隙特性和延迟特性。本实验主要针对具有继电特性、饱和特性、死区特性、间隙特性这 4 种特性的非线性环节进行模拟操作。

为了更好地了解非线性系统中时域及相平面图之间的关系，本实验采用了时域及相平面图同时显示的方式。非线性系统分析示波器界面分上、下两块，上块为时域显示（CH1、CH2），下块为相平面图显示（CH3、CH4），并规定 CH3 为 $X$ 轴，CH4 为 $Y$ 轴。

此外，还有手控电压信号（−5 ~ +5 V），作为模拟继电特性和饱和特性的输入信号。

（1）继电特性

理想的继电特性具有以下特点：当输入信号大于 0 时，输出 $U_o = M$；当输入信号小于 0 时，输出 $U_o = -M$，即 $U_o = \begin{cases} M & U_i > 0 \\ -M & U_i < 0 \end{cases}$。

理想的继电特性如图 2-2-1 所示，图中 $M$ 值等于继电特性的限幅值。

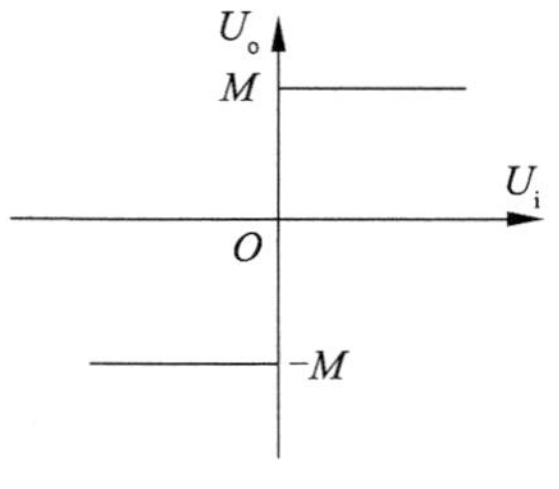


**图 2-2-1 理想的继电特性**

（2）饱和特性

理想的饱和特性具有以下特点：当输入信号小于等于 $|a|$ 时，电路将工作于线性区，输出 $U_o=KU_i$；当输入信号大于 $|a|$ 时，电路将工作于饱和区（非线性区），输出 $U_o=M\sin U_i$，即 $U_o=\begin{cases} M & U_i>a \\ KU_i & U_i\leqslant |a| \\ -M & U_i<-a \end{cases}$。

理想的饱和特性如图 2-2-2 所示，图中 $M$ 值等于饱和特性的限幅值，$K$ 为饱和特性斜率，$a$ 为线性宽度。

（3）死区特性

理想的死区特性具有以下特点：死区内虽有输入信号，但输出 $U_o=0$；当输入信号大于 $a$ 或小于 $-a$ 时，电路工作于线性区，输出 $U_o=K(U_i-a\sin U_i)$，即 $U_o=\begin{cases} K(U_i-a) & U_i>a \\ 0 & U_i\leqslant |a| \\ K(U_i+a) & U_i<-a \end{cases}$。

理想的死区特性如图 2-2-3 所示，图中 $a$ 为死区特性的不灵敏值，$K$ 为灵敏区斜率。

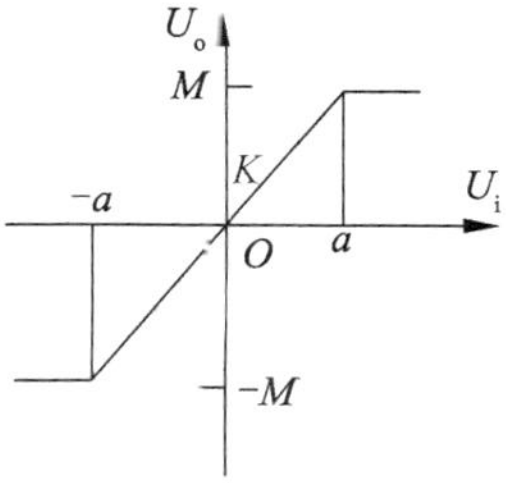

**图 2-2-2　理想的饱和特性**

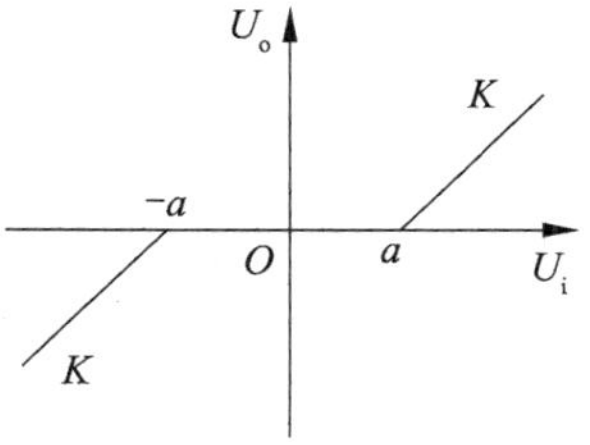

**图 2-2-3　理想的死区特性**

（4）间隙特性

理想的间隙特性具有以下特点：当输入信号从 $-U_i$ 变化到 $+U_i$ 时，输出的变化轨迹与输入信号从 $+U_i$ 变化到 $-U_i$ 时的是不重叠的，表现在 $X$ 轴上是 $a$，$a$ 为间隙。当输入信号 $|U_i|\leqslant a$ 时，输出为零。当输入信号 $|U_i|>a$ 时，输出随输入按特性斜率线性变化；当输入反向时，输出保持方向发生变化时的大小，直到输入反向变化 $2a$，输出才按特性斜率线性变化，即 $U_o=\begin{cases} K(U_i-a) & U_i>0, U_o\neq 0 \\ K(U_i+a) & U_i<0, U_o\neq 0 \\ M\sin U_i & U_o=0, U_i<2a-b \end{cases}$。

理想的间隙特性如图 2-2-4 所示，图中 $a(OA)$ 为空回宽度，$K$ 为空回斜率。

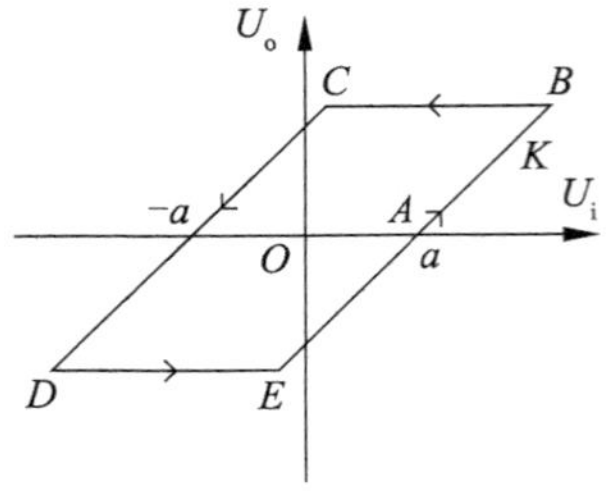

**图 2-2-4 理想的间隙特性**

【实验步骤】

(1) 观测继电特性

① 模拟继电特性。

a. 构造模拟电路。

模拟继电特性电路如图 2-2-5 所示，按图 2-2-5 安置短路套及插孔连线。

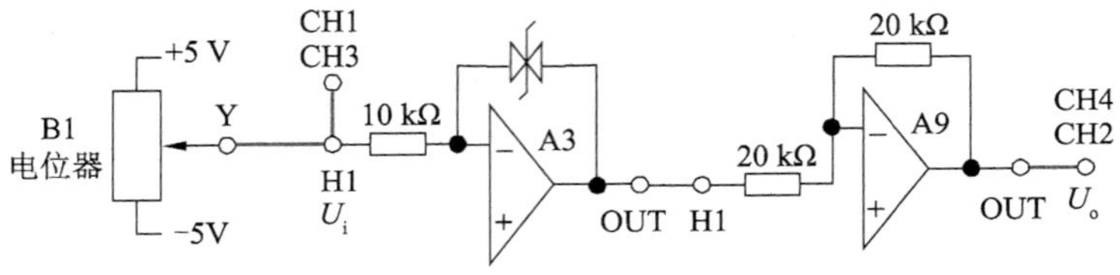

**图 2-2-5 模拟继电特性的电路**

b. 运行、观察、记录。

在上位机软件中选择实验单元“非线性系统时域−相平面分析/典型非线性环节/模拟继电特性”，确认信号源参数大小后，单击“下载”“开始”键，慢慢调节输入电压(即 B1 模块的电位器，调节范围 −5～+5 V)，其相平面图如图 2-2-6 所示。

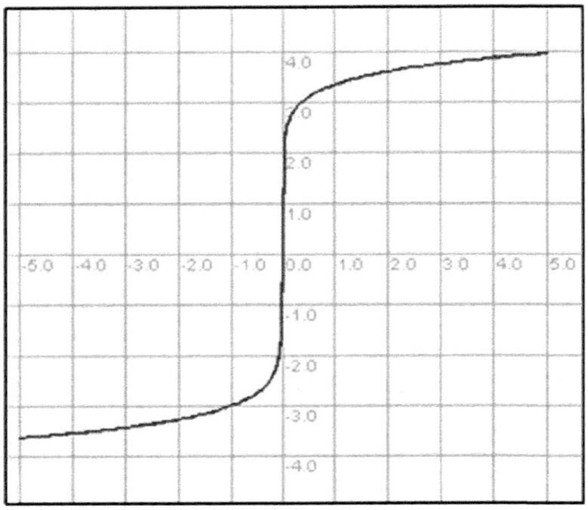

**图 2-2-6 模拟继电特性的相平面图**

② 数字继电特性。

a. 构造模拟电路。

数字继电特性电路如图 2-2-7 所示，按图 2-2-7 插孔连线。

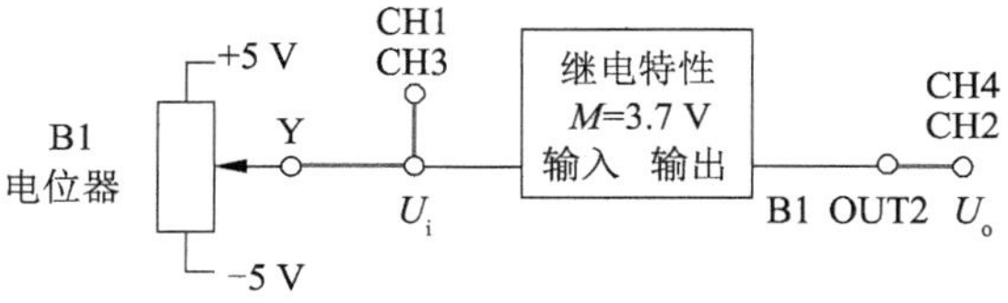


**图 2-2-7　数字继电特性的电路**

b. 运行、观察、记录。

在上位机软件中选择实验单元“非线性系统时域-相平面分析/典型非线性环节/数字继电特性”，确认信号源参数大小后，单击“下载”“开始”键，慢慢调节输入电压（即 B1 模块的电位器，调节范围 −5 ~ +5 V），其相平面图如图 2-2-8 所示。

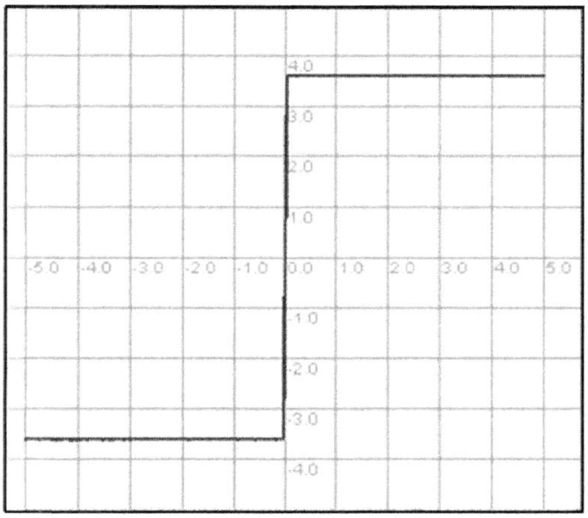

**图 2-2-8　数字继电特性的相平面图**

（2）观测饱和特性

① 模拟饱和特性。

a. 构造模拟电路。

模拟饱和特性电路如图 2-2-9 所示，按图 2-2-9 安置短路套及插孔连线。

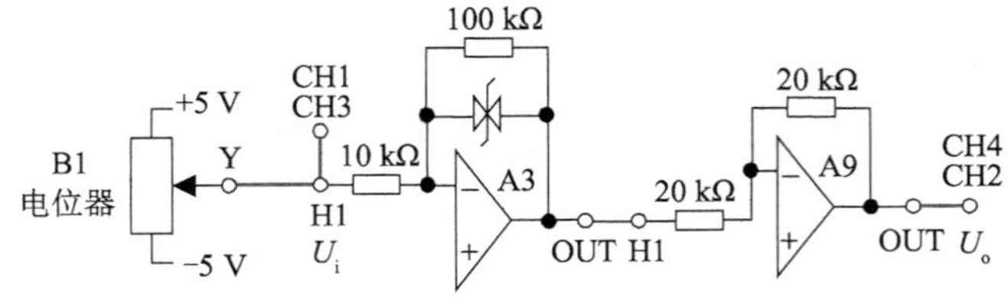


图 2-2-9　模拟饱和特性的电路

b. 运行、观察、记录。

在上位机软件中选择实验单元"非线性系统时域-相平面分析/典型非线性环节/模拟饱和特性"，确认信号源参数大小后，单击"下载""开始"键，慢慢调节输入电压（即 B1 模块的电位器，调节范围-5～+5 V），其相平面图如图 2-2-10 所示。

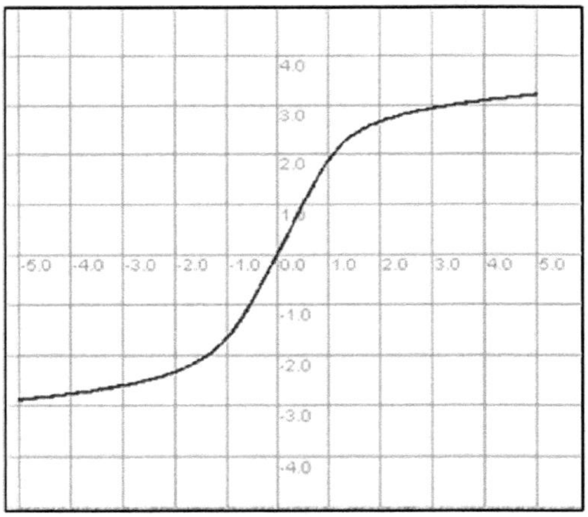

图 2-2-10　模拟饱和特性的相平面图

② 数字饱和特性。

a. 构造模拟电路。

数字饱和特性电路如图 2-2-11 所示，按图 2-2-11 插孔连线。

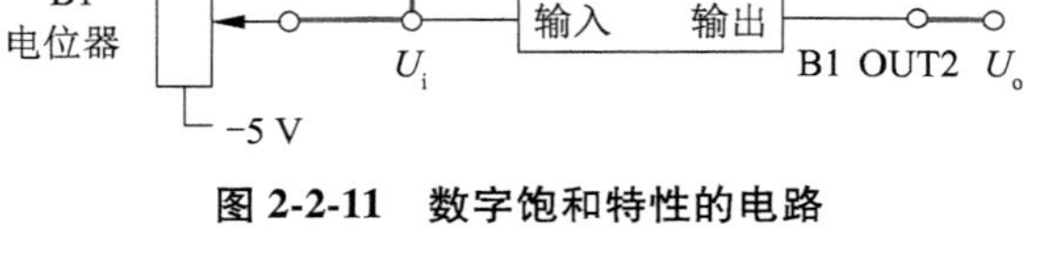


图 2-2-11　数字饱和特性的电路

b. 运行、观察、记录。

在上位机软件中选择实验单元"非线性系统时域-相平面分析/典型非线性环节/数字饱和特性",确认信号源参数大小后,单击"下载""开始"键,慢慢调节输入电压(即 B1 模块的电位器,调节范围-5~+5 V),其相平面图如图 2-2-12 所示。

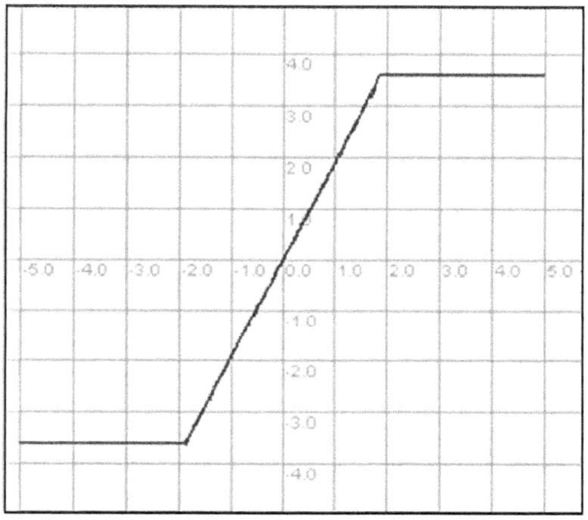


**图 2-2-12　数字饱和特性的相平面图**

(3) 观测死区特性

① 构造模拟电路。

数字死区特性电路如图 2-2-13 所示,按图 2-2-13 插孔连线。

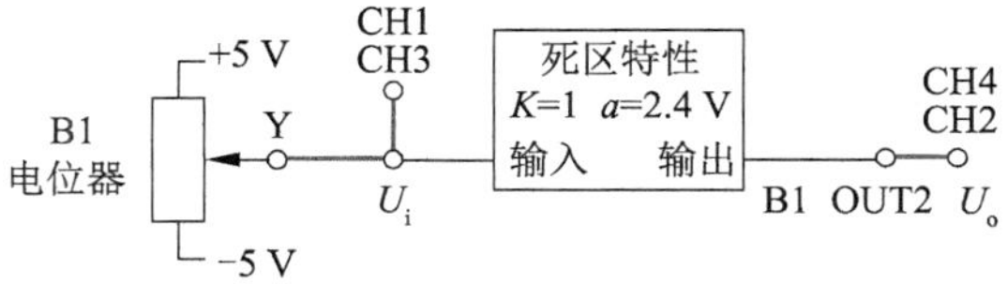


**图 2-2-13　数字死区特性的电路**

② 运行、观察、记录。

在上位机软件中选择实验单元"非线性系统时域-相平面分析/典型非线性环节/死区特性",确认信号源参数大小后,单击"下载""开始"键,慢慢调节输入电压(即 B1 模块的电位器,调节范围-5~+5 V),其相平面图如图 2-2-14 所示。

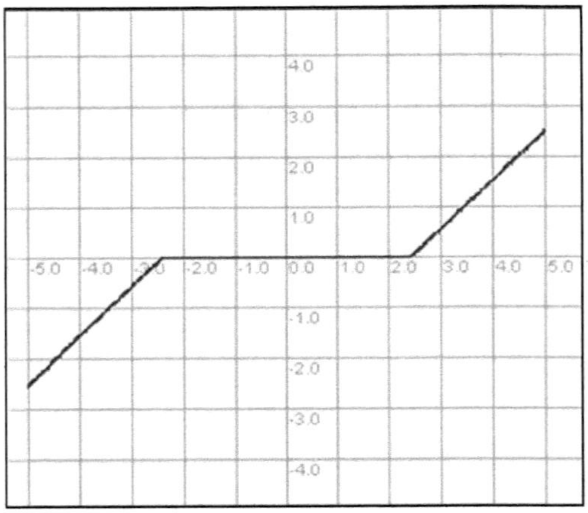


图 2-2-14　数字死区特性的相平面图

（4）观测间隙特性

① 构造模拟电路。

数字间隙特性电路如图 2-2-15 所示，按图 2-2-15 插孔连线。

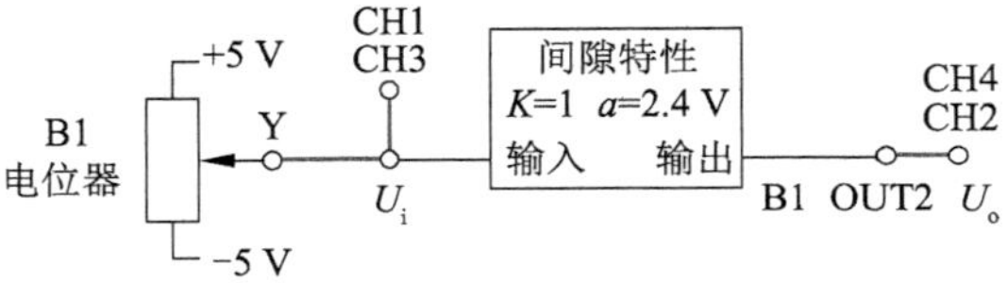


图 2-2-15　数字间隙特性的电路

② 运行、观察、记录。

在上位机软件中选择实验单元“非线性系统时域－相平面分析/典型非线性环节/间隙特性”，确认信号源参数大小后，单击“下载”“开始”键，慢慢调节输入电压（即 B1 模块的电位器，调节范围－5 ~ +5 V），其相平面图如图 2-2-16 所示。

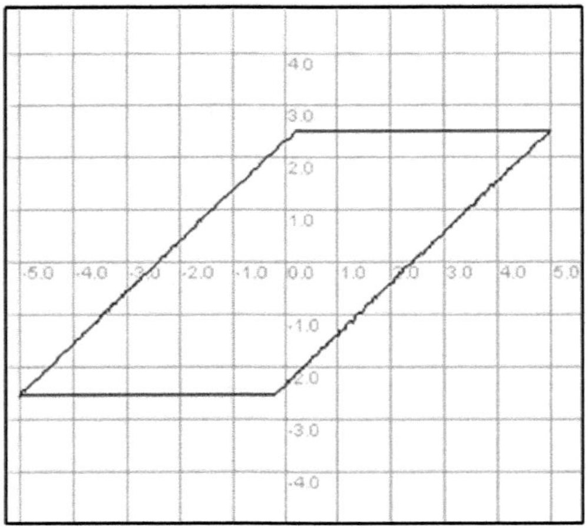


图 2-2-16　数字间隙特性的相平面图

【实验报告要求】

① 实验目的、内容、原理、步骤。

② 按表 2-2-1 改变被测环节的各项非线性特性参数，调节输入电压（即调节信号发生器 B1 模块的电位器，调节范围-5～+5 V），选用 X-Y 方式观察相轨迹，并画出系统在 $e-\dot{e}$ 平面上的相轨迹。

③ 实验体会。

**表 2-2-1　各环节非线性特性测试参数表**

| 测量继电特性 | 测量饱和特性 | | 测量死区特性 | | 测量间隙特性 | |
|---|---|---|---|---|---|---|
| 限幅值/V | 限幅值/V | 斜率 | 死区宽度/V | 斜率 | 间隙宽度/V | 斜率 |
| 3.7 | 3.7 | 2 | 2.4 | 1 | 2.4 | 1 |
| 3 | 3 | | 2 | | 1.6 | |
| 2 | 2 | 1 | 1.5 | 2 | 2.4 | 2 |
| 1 | 1 | | 1 | | 1.6 | |

### 2.2.1.2　基于 MATLAB/Simulink 的仿真分析实验

【实验目的】

① 学习利用相平面图分析非线性系统。

② 研究非线性环节对线性系统输出的影响。

③ 学习二阶或二阶以下非线性系统动态性能和稳定性的分析方法。

【实验内容】

① 利用相平面图分析非线性系统的性能。

② 观察具有饱和特性和继电特性的非线性环节对系统输出的影响。

【实验步骤】

（1）分析非线性系统性能

示例 1：图 2-2-17 所示的非线性控制系统由非线性的饱和特性部分和线性部分组成。在非线性部分的非饱和区，饱和限幅值为 0.5，试用相平面图分析该系统的性能。

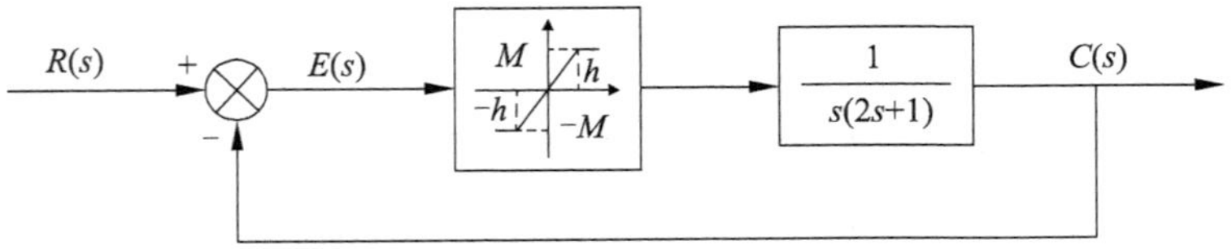


**图 2-2-17 具有饱和特性的控制系统结构图**

打开 MATLAB 软件，启动 Simulink，在空白模型处单击“创建模型”按钮，新建一个空白仿真操作界面。从 Simulink 图形库浏览器中用鼠标分别拖拽阶跃输入(Step)模块、增益(Gain)模块、示波器(Scope)模块、传递函数(Transfer Fcn)模块、积分(Integrator)模块、限幅的饱和特性(Saturation)模块和 X-Y 示波器(XY Graph)模块至仿真操作界面，将增益模块的系数设置为“-1”，传递函数模块设置为$\frac{K}{Ts+1}$型，并按图 2-2-18 进行连接，通过 X-Y 示波器模块可以观察系统的相平面图。

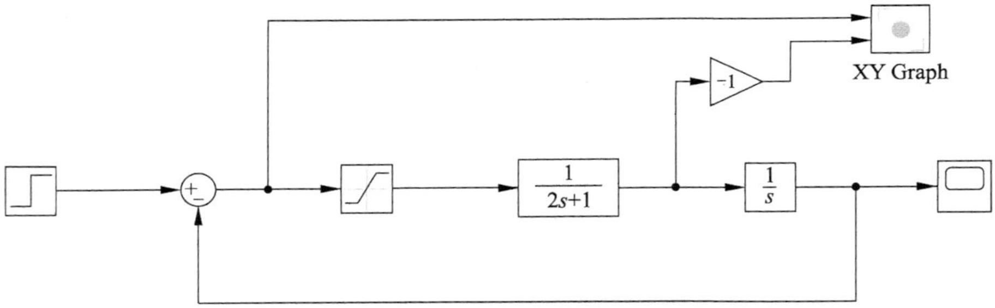


**图 2-2-18 具有饱和特性的控制系统结构框图**

X-Y 示波器模块的 X、Y 两输入端口的输入数据分别为 $e(t)=r(t)-c(t)$ 和 $\dot{e}(t)=-c(t)$，因此 X-Y 示波器显示的是 $e-\dot{e}$ 相平面图。设置阶跃输入模块的终值为 2，阶跃时间为 0，设置仿真时长为 20。运行仿真，系统的阶跃响应曲线和 $e-\dot{e}$ 相轨迹如图 2-2-19 所示。

从相平面图中可以看出，$e-\dot{e}$ 相轨迹的起点为(2,0)，终点为(0,0)，说明系统的偏差开始时最大为 2，稳定后稳定误差为 0，输出能完全跟踪输入。相轨迹与 $X$ 轴第一次相交于(-0.3,0)，说明此刻系统的响应到达最大值 $e(t_p)=-0.3$，输出为最大超调量，由 $e(t)=r(t)-c(t)$ 可以得到 $c(t_p)=2.3$，与系统阶跃响应曲线一致。

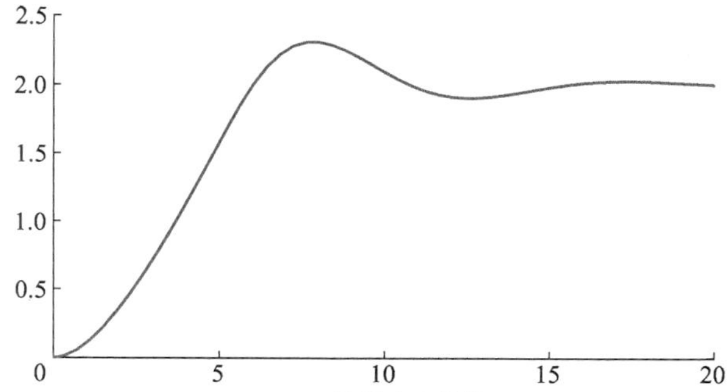

(a) 阶跃响应曲线

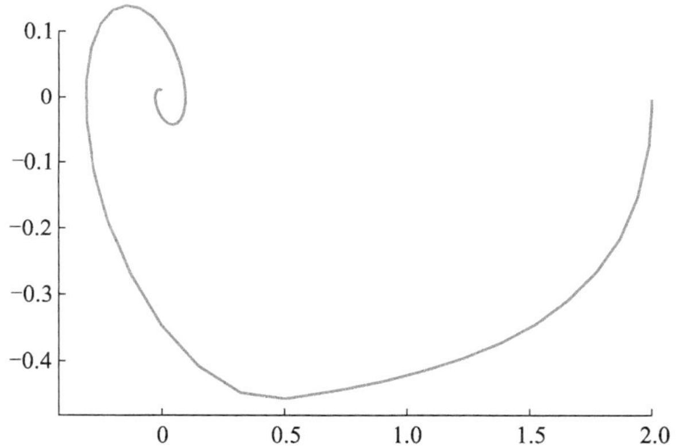

(b) 相平面图

**图 2-2-19 具有饱和特性的控制系统的阶跃响应曲线和相平面图**

（2）分析非线性环节对线性系统输出响应的影响

将示例 1 中的控制系统去除饱和特性环节后，得到如图 2-2-20 所示的线性控制系统仿真框图。

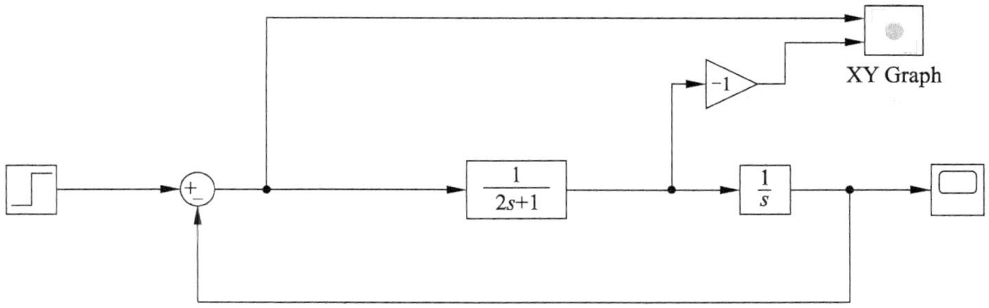


**图 2-2-20 去除饱和特性的控制系统仿真框图**

运行仿真,系统的阶跃响应曲线和 $e-\dot{e}$ 相轨迹如图 2-2-21 所示。由图 2-2-21 可知,去除饱和特性环节后,系统的超调量增大,而调节时间减少,响应速度加快。

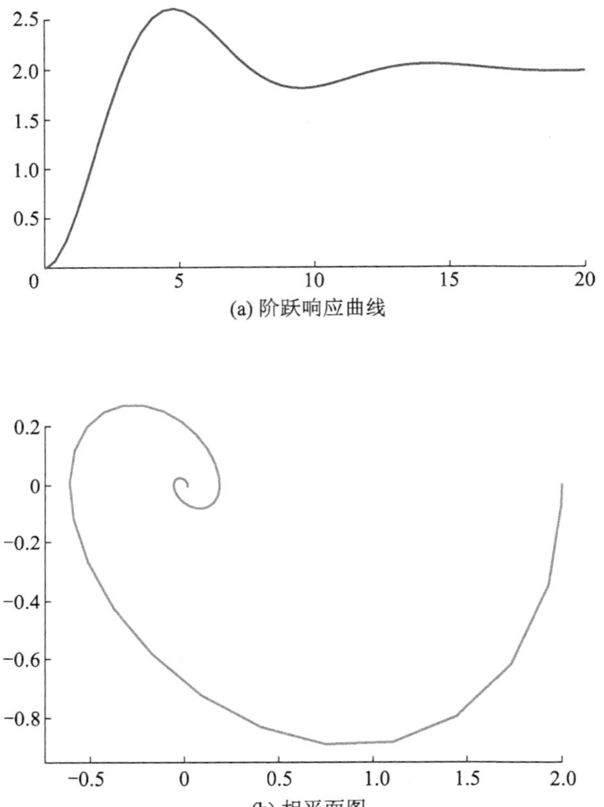


(a) 阶跃响应曲线

(b) 相平面图

**图 2-2-21　去除饱和特性的控制系统的阶跃响应曲线和相平面图**

操作 1:图 2-2-22 所示的非线性控制系统由非线性的继电特性部分和线性部分组成。观察该系统的相平面图和阶跃响应曲线,并比较去除继电特性环节前后系统的输出响应,分析继电特性环节对线性系统的影响。

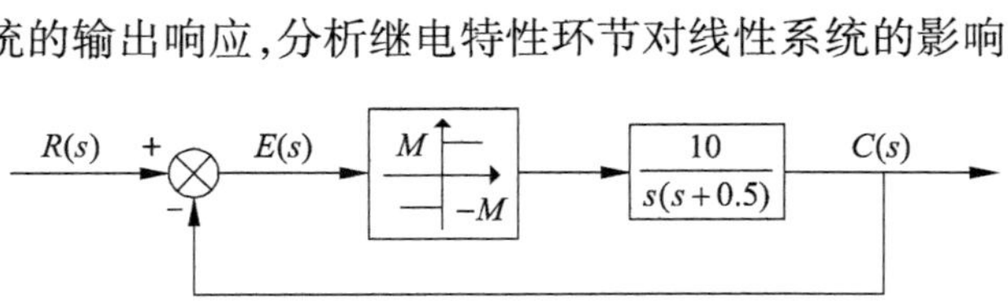


**图 2-2-22　具有继电特性的控制系统结构图**

【实验报告要求】

① 实验目的、内容、步骤。

② 写出操作 1 的主要步骤，画出仿真框图。

③ 画出操作 1 的去除继电特性环节前后系统的相平面图，记录起点、终点以及与 $X$ 轴第一次相交的交点的坐标。

④ 画出操作 1 的去除继电特性环节前后系统的阶跃响应曲线，记录最大输出 $c(t_p)$。

⑤ 实验体会。

## 2.2.2　非线性系统描述函数法实验

### 2.2.2.1　基于实验系统的模拟操作实验

【实验目的】

① 学习应用描述函数法研究非线性系统的稳定性。

② 学习测量自振荡周期和振幅的方法。

【实验内容】

① 观察非线性系统的稳定性。

② 将给定系统线性部分的频率特性 $G(j\omega)$ 曲线和非线性部分的负倒描述函数 $-\dfrac{1}{N(A)}$ 曲线绘制在同一复平面上。

③ 调节电阻 $R_3$，改变开环增益，使系统产生自振荡，测量此时的 $R_3$ 值，求出产生自振荡时的开环增益。

【实验原理】

(1) 描述函数法

描述函数法是分析非线性系统的一种近似方法，它是线性系统理论中的特性法在非线性系统中的应用。它主要用于对一类非线性系统的稳定性分析和输出响应分析，该方法不受系统阶数的限制。用描述函数法分析非线性系统应满足如下条件：

① 非线性部分的特性具有奇对称性。

② 系统可以简化成只有一个非线性环节和一个线性环节串联的典型单位反馈结构。

③ 非线性环节输出中的高次谐波幅值小于基值。

④ 线性部分的低通滤波性能良好。

（2）描述函数法分析非线性系统的稳定性和自振

在描述函数法中，可根据非线性控制系统中线性部分的频率特性 $G(\mathrm{j}\omega)$ 曲线（奈奎斯特图）和非线性部分的负倒描述函数 $-\dfrac{1}{N(A)}$ 曲线的相对位置来判断非线性系统的稳定性。设非线性系统的结构如图 2-2-23 所示。

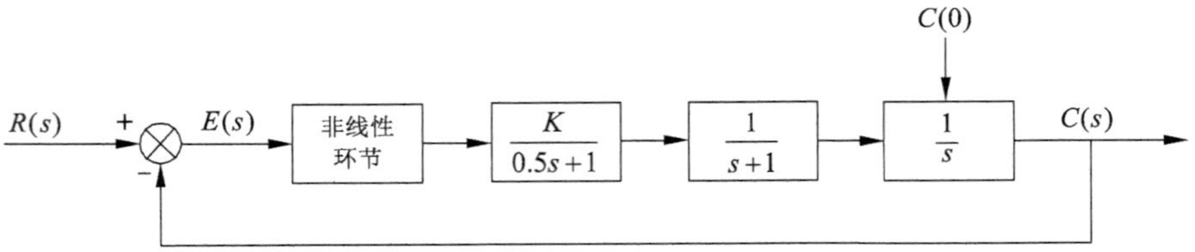


**图 2-2-23　非线性系统的结构图**

$N(A)$ 为饱和非线性的描述函数，系统线性部分的传递函数为

$$G(s)=\frac{K}{s(0.5s+1)(s+1)} \tag{2-2-1}$$

该系统的闭环特征方程为

$$1+N(A)G(s)=0 \text{ 或 } G(s)=-\frac{1}{N(A)} \tag{2-2-2}$$

① 当线性部分传递函数 $G(s)$ 在 $s$ 右半平面存在极点且数量为 $P$ 时，若 $G(\mathrm{j}\omega)$ 曲线逆时针包围整个 $-\dfrac{1}{N(A)}$ 曲线 $\dfrac{P}{2}$ 周，则该非线性系统是稳定的，否则是不稳定的。若 $G(\mathrm{j}\omega)$ 曲线与 $-\dfrac{1}{N(A)}$ 曲线不相交，则系统不存在周期性的等幅振荡。若 $G(\mathrm{j}\omega)$ 曲线与 $-\dfrac{1}{N(A)}$ 曲线相交，则非线性系统处于临界状态，相当于线性部分 $G(\mathrm{j}\omega)$ 通过点 $(-1,\mathrm{j}0)$，存在等幅振荡。若该等幅振荡是稳定的，则称之为自激振荡，其交点又称为自振点。

② 当线性部分传递函数 $G(s)$ 在 $s$ 右半平面不存在极点，即 $P=0$ 时，若 $G(\mathrm{j}\omega)$ 曲线不包围 $-\dfrac{1}{N(A)}$ 曲线，则非线性系统是稳定的。若 $G(\mathrm{j}\omega)$ 曲线包围 $-\dfrac{1}{N(A)}$ 曲线，则非线性系统是不稳定的。若 $G(\mathrm{j}\omega)$ 曲线与 $-\dfrac{1}{N(A)}$ 曲线相交，则系统存在周期振荡。若该振荡是稳定的，则交点为自振点。

③ 线性部分的 $G(\mathrm{j}\omega)$ 曲线把复平面分成两个区域，被 $G(\mathrm{j}\omega)$ 曲线包围的区域称为不稳定区，未被 $G(\mathrm{j}\omega)$ 曲线包围的区域称为稳定区。若 $-\dfrac{1}{N(A)}$ 曲线随振幅 $A$ 增大的方向从不稳定区移动到稳定区，则对应的穿越点即为自振点。

【实验步骤】

（1）构造模拟电路

三阶非线性系统的模拟电路如图 2-2-24 所示，按图 2-2-24 安置短路套及插孔连线。

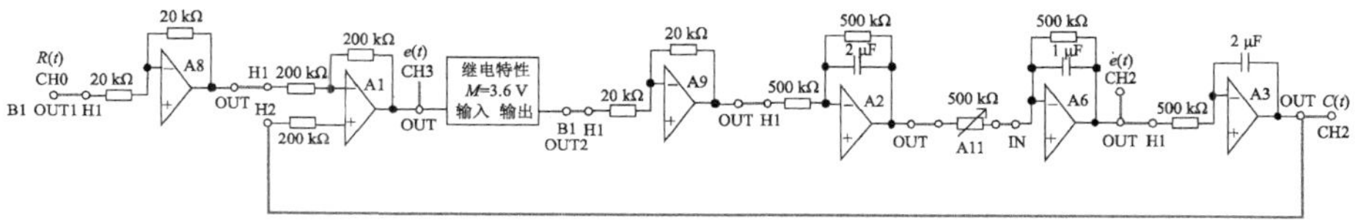


**图 2-2-24 三阶非线性系统的模拟电路**

（2）运行、观察、测量、记录

在上位机软件中选择实验单元"非线性系统时域-相平面分析/三阶非线性控制系统/继电型"，确认信号源参数大小后，单击"下载""开始"键，运行实验，观察被测系统输出的时域和相平面图，示例见图 2-2-25。调节可变电阻改变开环增益，使系统产生自振荡，记录此时的电阻值，求出产生自振荡时的开环增益。改变 $C(0)$ 值，操纵初始条件开关，观察稳定的自振荡曲线或极限环受扰动作用的情况，并测定自振荡（极限环）的频率 $\omega$ 和振幅 $X$，将所得数据填入表 2-2-2。

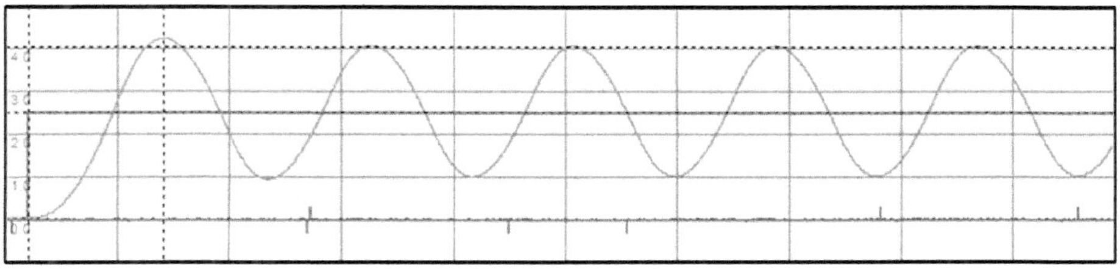

(a) 时域图

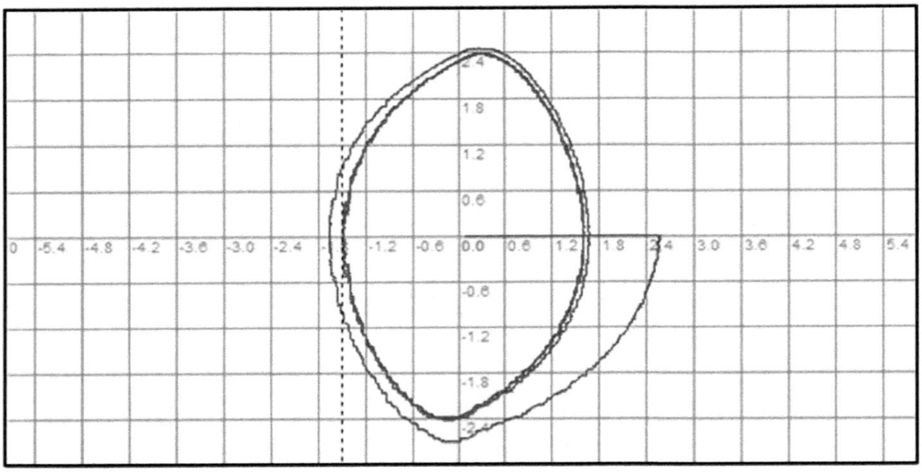


(b) 相平面图

**图 2-2-25　继电型非线性三阶控制系统的时域和相平面图**

**表 2-2-2　继电型非线性三阶控制系统测试数据记录表**

| $C(0)$ | 自振频率 $\omega/(\mathrm{rad}\cdot\mathrm{s}^{-1})$ | 自振振幅 $X$ |
| --- | --- | --- |
| | | |
| | | |
| | | |

【实验报告要求】

① 实验目的、内容、原理、步骤。

② 按照给定参数分析系统稳定性，求出产生自振时的开环增益，并与实验结果比较。

③ 在同一复平面上画出线性部分的奈奎斯特图和饱和非线性部分的负倒描述函数曲线。

④ 记录发生自振时 $C$ 点的输出波形，并求出自振的振幅和频率。

⑤ 实验体会。

2.2.2.2　基于 MATLAB/Simulink 的仿真分析实验

【实验目的】

① 学会利用 MATLAB 绘制负倒描述函数曲线。

② 掌握非线性系统稳定性的判断方法。

【实验内容】

① 利用 MATLAB 绘制线性部分的奈奎斯特图。

② 利用 MATLAB 绘制非线性部分的负倒描述函数曲线。

③ 分析非线性控制系统的稳定性和自振。

【实验步骤】

（1）绘制非线性系统的负倒描述函数曲线

示例 1：已知具有死区继电特性的非线性控制系统结构如图 2-2-26 所示，死区继电特性的参数为 $M=1.7$，$h=0.7$，线性部分的传递函数为 $G(s)=\dfrac{460}{s(0.01s+1)(0.0025s+1)}$，试分析该系统的稳定性。

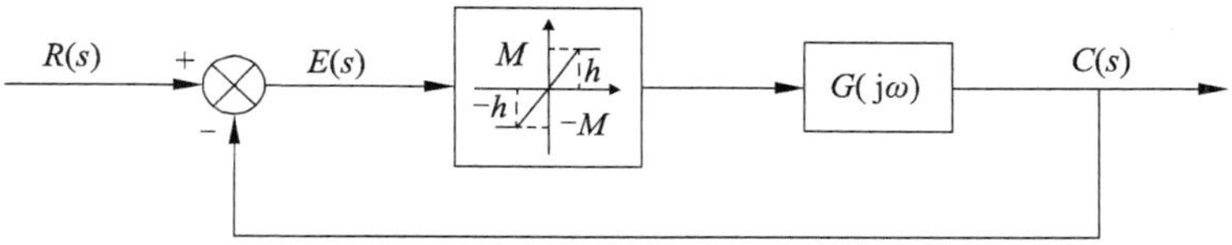


**图 2-2-26　具有死区继电特性的非线性控制系统结构图**

① 求解该系统的参数。

线性部分的频率特性为

$$G(\mathrm{j}\omega)=\frac{460}{\mathrm{j}\omega(0.01\mathrm{j}\omega+1)(0.0025\mathrm{j}\omega+1)} \tag{2-2-3}$$

死区继电特性的描述函数为

$$N(x)=\frac{4M}{\pi x}\sqrt{1-\left(\frac{h}{x}\right)^2}=\frac{M}{h}\cdot\frac{4h}{\pi x}\sqrt{1-\left(\frac{h}{x}\right)^2}=K_0N_0(x) \tag{2-2-4}$$

死区继电特性的尺度函数为

$$K_0=\frac{M}{h}=\frac{1.7}{0.7}=2.43 \tag{2-2-5}$$

死区继电特性的相对描述函数为

$$N_0(x)=\frac{4h}{\pi x}\sqrt{1-\left(\frac{h}{x}\right)^2} \tag{2-2-6}$$

② 求解该系统的负倒描述函数。

该系统的闭环特征方程为 $1+N(x)G(\mathrm{j}\omega)=0$，即 $1+K_0N_0(x)G_0(\mathrm{j}\omega)=0$。令 $G(\mathrm{j}\omega)=K_0G_0(\mathrm{j}\omega)=2.43G_0(\mathrm{j}\omega)$，可得负倒描述函数为 $G(\mathrm{j}\omega)=-\dfrac{1}{N_0(x)}$。

③ 绘制线性部分的奈奎斯特图。

双击打开 MATLAB 软件,在命令行窗口输入以下程序代码:

```
num=460
den=conv(conv([1 0],[0.01 1]),[0.0025 1])
Go=tf(num,den)
G=2.43 * Go
nyquist(G),hold on
```

④ 绘制非线性部分的负倒描述函数曲线。

继续输入以下程序代码:

```
syms h x No
h=0.7
for x=0.71:0.1:7
No=4 * h/(pi * x) * sqrt(1-(h/x)^2)
y=zeros(size(No))
plot(-1/(No),y,'k+'),hold on,grid
end
```

输入完毕后,运行程序,在同一复平面上生成非线性控制系统线性部分的奈奎斯特图和非线性部分的负倒描述函数曲线,如图 2-2-27 所示。

**注意:**将横坐标显示范围改为(−4,0),纵坐标显示范围改为(−1.5,1.5)。

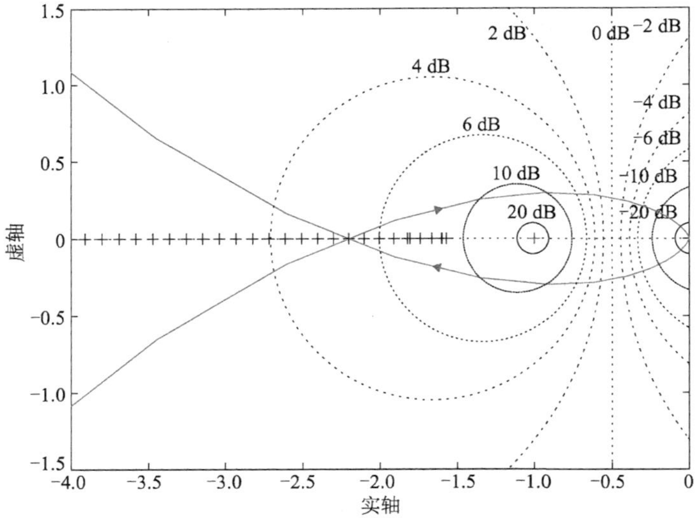


**图 2-2-27　线性部分的奈奎斯特和非线性部分的负倒描述函数曲线图**

(2)分析非线性系统的稳定性

① 稳定性判据。

由图 2-2-27 可知,线性部分的奈奎斯特曲线 $G(j\omega)$ 与非线性部分的负倒描述函数 $-\dfrac{1}{N_0(x)}$ 曲线有交点,此时该非线性系统处于临界稳定状态,并且在交点处出现持续自振。

② 求解自振的振幅 $X$ 和角频率 $\omega$。

令交点的虚部 $\mathrm{Im}[K_0G(j\omega)]=0$,解得交点处的自振角频率 $\omega=200$ rad/s。接着,求出该交点的实部 $\mathrm{Re}[K_0G(j200)]$ 的大小,约为 2.26。因此,可以得到交点处 $-\dfrac{1}{N_0(x)}=-2.26$,即 $N_0(x)=\dfrac{4h}{\pi x}\sqrt{1-\left(\dfrac{h}{x}\right)^2}=\dfrac{1}{2.26}=0.4425$。

令 $z=\dfrac{h}{x}$,将上式转换为 $\dfrac{4}{\pi}\cdot z\sqrt{1-z^2}=0.4425$,利用 MATLAB 求解该方程,代码如下:

```
syms z
eq1 = 4 * z/(pi) * sqrt(1-z^2) = = 0.4425
z = solve(eq1,z)
round(z,4)
```

运行程序,结果如下:

```
ans =
0.3749
0.9271
```

最后得到两个自振振幅值:$X_1=1.8672$,$X_2=0.755$。

③ 判断自振交点。

由图 2-2-27 可知,线性部分的奈奎斯特曲线 $G(j\omega)$ 与非线性部分的负倒描述函数 $-\dfrac{1}{N_0(x)}$ 曲线有两个交点,对应系统的两个周期运动状态,因此需要判断哪个点才是自振点。改变复平面纵轴坐标范围,观察两交点附近振幅的变化趋势,随着振幅增大的方向,若 $G(j\omega)$ 曲线不包围 $-\dfrac{1}{N_0(x)}$ 曲线,则该点为自振点。按照上述判断可得 $X_1=1.8672$,$\omega=200$ rad/s 是自振点,故自振的振幅为 1.8672。

操作 1:在图 2-2-26 所示的非线性控制系统的前向通道中加入可变增益,通过改变增益大小,观察系统运动状态的变化,分析系统的稳定性。

【实验报告要求】

① 实验目的、内容、步骤。

② 写出操作 1 的主要步骤,画出仿真框图。

③ 画出操作 1 线性部分的奈奎斯特图和非线性部分的负倒描述函数曲线。

④ 记录交点频率 $\omega$ 和振幅 $X$。

⑤ 实验体会。

# 第 3 章　控制系统综合设计

本章主要针对控制系统的综合设计方法作基本介绍，以实际工程中常用的控制系统为案例，如直流电机调速系统、温度控制系统、步进电机控制系统等，进行综合设计实验。考虑到实际自动控制原理实验的教学目标及课时安排，本章的控制系统综合设计实验作为课程实验内容的延伸，可用于相关课程设计选题。控制系统综合设计实验内容主要包括直流电机转速控制系统、保温箱温度控制系统和水箱液位控制系统。实验环境以 MATLAB/Simulink 为主，通过系统仿真的方式，促进学生对控制系统设计方法的理解与掌握。

## 3.1　控制系统设计综述

控制系统设计的基本任务是根据控制对象特性、技术要求和工作环境，设计元器件和信号处理装置，组成控制系统，完成给定的控制任务。控制系统设计是指在已知被控对象的特性和系统性能指标的情况下，设计系统的控制部分，即设计控制器。一般情况下，用户希望设计后的系统在稳定的前提下，输出响应的误差尽可能小、速度尽可能快，同时响应过程应具有适当的阻尼。此外，系统的动态特性对于系统参数的微小变化敏感度低，且干扰信号能够得到有效衰减。然而，系统的稳定性要求与精确性要求常常存在矛盾，因此在设计控制系统时，需要根据实际情况选择一种最优解决方案。

自动控制系统的设计过程是一个从理论到实践，再从实践到理论的多次反复过程。对于不同的控制系统，其分析、设计、调试的方法也不尽相同，但大致过程可分为以下几步。

（1）建立控制对象的数学模型

控制对象的数学模型通常使用原理分析法和实验测试法来建立。实际控制系统包含多种特性，要获得控制对象的精确模型是比较困难的，只有在对象比较简单或是近似于理想状态时,才可以用原理分析法得到较为精确可靠的数学模型(微分方程表达式)。利用实验测试法即参数辨识法可以得到一个等效的模型,但其精度受干扰的影响较大。因此,应根据控制系统的要求、方案、组成方式等具体情况,建立在一定程度上较为精确的数学模型。当然,模型精度越高,越能真实地反映实际的系统,但其阶数也随之升高,给系统的分析和设计带来困难。因此,可以采用近似降阶处理来获取复杂系统的数学模型。

(2) 选择设计方案

方案的选择应同时考虑多种因素,如成本与效益、性能与复杂度、可靠性及可维护性等,折中确定方案为佳。通常,方案的选择依据如下:

① 控制系统的种类和使用范围。

② 负载情况。

③ 对系统的精度要求和动态特性要求。

④ 对所采用的控制部件的要求。

⑤ 工作情况要求。

⑥ 系统安装维护要求。

(3) 建立系统结构图

根据建立的数学模型和确立的方案,按照一定的结构将各个模块连接起来,构成控制系统的方框图,以便于分析设计。

(4) 计算静态特性参数

静态特性是指系统稳定时的特性,系统结构图中的每个模块的静态特性参数可分别测试计算,如执行元件、测量元件等。计算好静态特性参数后,代入各个模块中,完善系统的结构图。静态特性参数计算结果要求尽可能准确,以便于进行系统动态特性的设计。

(5) 分析动态特性及设计校正装置

根据静态特性参数计算结果,从理论上分析系统的动态特性,包括准确性、稳定性和快速性。若动态性能指标达不到设计要求,则应考虑加入校正装置并设计实现。

(6) 软件仿真测试

利用计算机软件对所设计的控制系统进行仿真测试,验证其可行性。若仿真测试结果不可行,则返回模型建立或静态特性参数计算步骤重新设计或计算,反复进行多次,直到仿真测试结果达到设计要求。此外,在仿真测试过程中应尽量考虑系统运行的实际情况，对于干扰要有相应补偿措施。

（7）系统调试

现场进行系统调试时，若不能达到设计要求，必须仔细分析原因，不断修正设计方案和参数等，直到符合工况条件下稳定运行的要求。

① 系统开环调试。

在进行系统实际调试前，要先调整其中各个模块的工作状态，保证各模块静态稳定，信号传输正常，各项参数正确。此外，还需要判断反馈环节的极性，可在模块输入端加上阶跃信号来观察输出信号。若输出信号与输入信号极性相同，则为正反馈，否则为负反馈。

② 局部反馈调试。

在对整个系统进行调试前，若有局部反馈环节，则应按照先内后外的顺序调试局部反馈环节。进行内回路闭环调试时，应断开主反馈，闭合局部反馈。当各个内回路调试稳定后，才能接上主反馈进行调试。

## 3.2 直流电机转速控制系统设计

（1）设计任务

① 运用自动控制原理知识设计直流电机转速控制系统的结构框图。

② 根据直流伺服电机的物理模型，建立其数学模型，通过拉普拉斯变换得到其开环传递函数。

③ 采用MATLAB/Simulink建立直流电机的开环仿真模型，仿真得到其开环阶跃响应曲线，观察分析电机转速的阶跃响应特性。

④ 根据直流电机转速控制系统的结构框图，引入比例积分微分（PID）控制器，采用MATLAB/Simulink建立调速系统的闭环仿真模型，分步骤进行PID校正，即分别进行比例（P）控制、比例积分（PI）控制和比例积分微分（PID）控制，整定合适的PID控制器参数。

⑤ 分析闭环PID控制的直流电机转速控制系统的阶跃响应性能指标，要求所设计的直流电机转速控制系统性能指标如下：

a. 超调量 $\sigma_p\%$：$0\leqslant\sigma_p\%\leqslant 20\%$。

b. 调节时间 $t_s$：$t_s<0.35\ \text{s}$。

c. 稳态误差 $e_{ss}$：$0\leqslant e_{ss}<2\%$。

(2) 设计步骤

1) 建立直流电机转速控制系统的结构框图

图 3-2-1 为一种最基本的直流电机转速控制系统的结构框图。由图可知,要想实现对系统的仿真调试,必须知道四个模块的传递函数,即控制器、功率放大单元、直流电机和转速测量单元的传递函数。其中,控制器的传递函数因设计方案的不同而不同,功率放大单元和转速测量单元的传递函数可近似为比例系数。

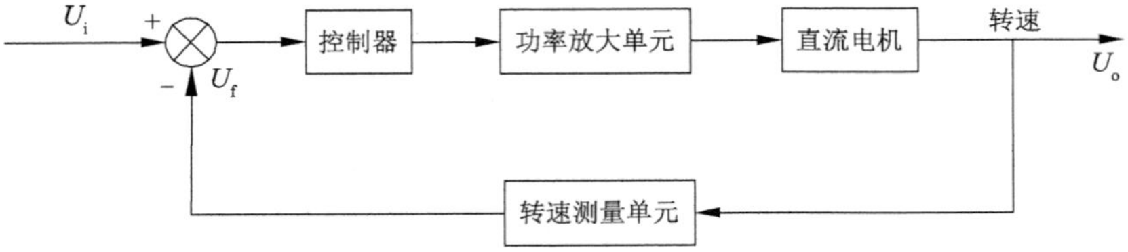


**图 3-2-1　直流电机转速控制系统的结构框图**

2) 确定直流电机的开环传递函数

图 3-2-2 是直流电机的物理模型。图中,$u_a$ 为电枢电压,$i_a$ 为电枢电流,$R_a$ 为电枢电阻,$L_a$ 为电枢电感,$u_p$ 为感应电动势,$T_e$ 为电机的电磁转矩,$J$ 为转动惯量,$D$ 为黏性阻尼系数,$\theta$ 为电机的输出转角。

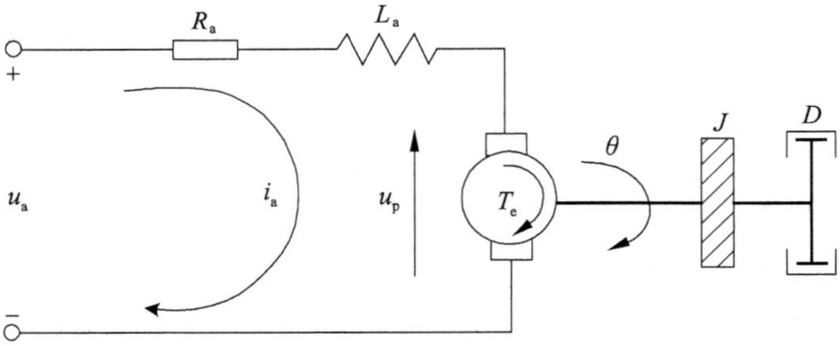


**图 3-2-2　直流电机的物理模型**

根据基尔霍夫定律和牛顿第二定律,对图 3-2-2 所示的直流电机列写如下基本方程:

$$\begin{cases} u_a - u_p = i_a R_a + L_a \dfrac{di_a}{dt} \\ T_e = J \dfrac{d^2\theta}{dt^2} + D \dfrac{d\theta}{dt} \\ T_e = i_a K_t \\ u_p = K_e \dfrac{d\theta}{dt} \end{cases} \tag{3-2-1}$$

式中：$K_t$ 为转矩常数；$K_e$ 为感应电动势常数。

对式(3-2-1)进行拉普拉斯变换得到

$$\begin{cases} U_a(s) - U_p(s) = I_a(s) R_a + sL_a I_a(s) \\ T_e(s) = s^2 J\theta(s) + sD\theta(s) \\ T_e(s) = I_a(s) K_t \\ U_p(s) = sK_e \theta(s) \end{cases} \tag{3-2-2}$$

设 $\omega(s) = s\theta(s)$，可以得到如图 3-2-3 所示的直流电机开环传递函数方框图。

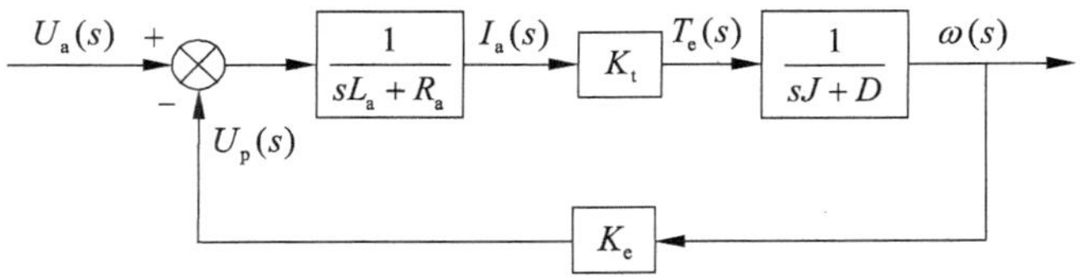


**图 3-2-3　直流电机开环传递函数方框图**

由图 3-2-3 可得直流电机的开环传递函数为

$$G(s) = \frac{\omega(s)}{U_a(s)} = \frac{K_t}{(sL_a + R_a)(sJ + D) + K_t K_e} \tag{3-2-3}$$

确定直流电机的开环传递函数后，接着选择合适的仿真参数。表 3-2-1 给出了 4 组直流电机的参数以供使用。

**表 3-2-1　直流电机参数**

| 参数名称 | 数值 1 | 数值 2 | 数值 3 | 数值 4 |
|---|---|---|---|---|
| 电枢电阻 $R_a/\Omega$ | 2 | 3 | 4 | 5 |
| 电枢电感 $L_a$/H | 0.05 | 0.07 | 0.08 | 0.09 |
| 转动惯量 $J/(\mathrm{kg \cdot m^2})$ | 0.005 | 0.007 | 0.003 | 0.004 |

续表

| 参数名称 | 数值 1 | 数值 2 | 数值 3 | 数值 4 |
|---|---|---|---|---|
| 转矩常数 $K_t$/(N·m·$A^{-1}$) | 0. 2 | 0. 4 | 0. 3 | 0. 5 |
| 感应电动势常数 $K_e$/(V·s·$rad^{-1}$) | | | | |
| 黏性阻尼系数 $D$/(N·m·s) | $1.75\times10^{-5}$ | $1.67\times10^{-5}$ | $3.51\times10^{-5}$ | $2.53\times10^{-5}$ |

3）搭建 Simulink 仿真模型

利用 Simulink 搭建直流电机转速控制系统的仿真模型，首先对直流电机进行开环分析，得到其阶跃响应特性，然后引入 PID 控制，形成闭环控制系统，设计整定 PID 控制器的参数。直流电机参数选择表 3-2-1 中的第 1 组参数，其开环仿真模型如图 3-2-4 所示。

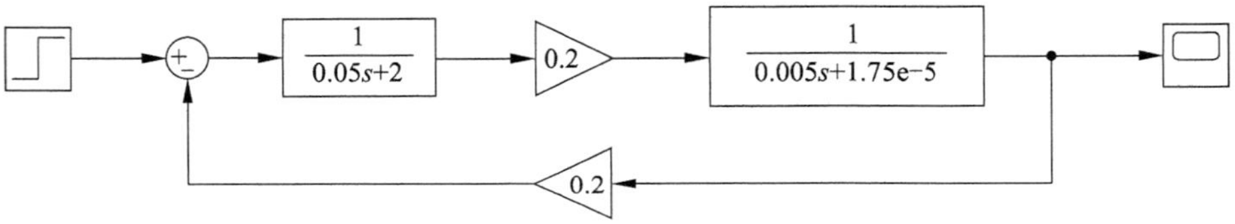


**图 3-2-4　直流电机开环仿真模型**

引入 PID 控制器后的直流电机转速控制系统仿真模型如图 3-2-5 所示。

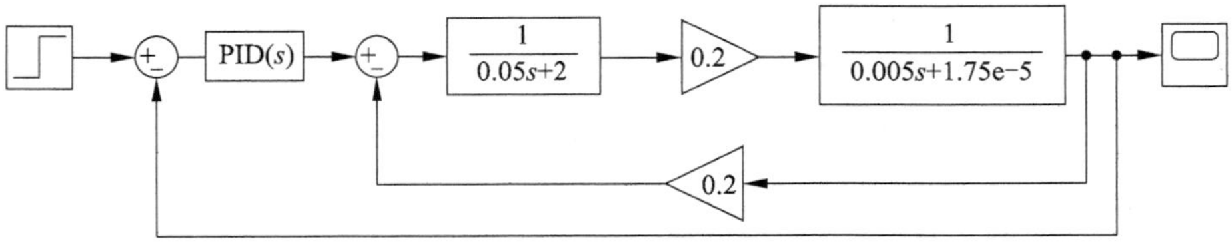


**图 3-2-5　直流电机转速 PID 控制系统仿真模型**

(3) 设计结果分析

根据上述设计步骤和仿真结果分析如下内容：

① 比例环节(P)和积分环节(I)对系统动态性能和稳定性的影响。

② 对比比例(P)控制和比例积分(PI)控制的控制效果。

③ 什么情况下需要添加微分(D)控制。

## 3.3　保温箱温度控制系统设计

（1）设计任务

① 运用自动控制原理知识设计保温箱温度控制系统的结构框图。

② 根据保温箱的等效传递函数模型建立其开环传递函数。

③ 采用 MATLAB/Simulink 建立保温箱的开环仿真模型，仿真得到其开环阶跃响应曲线，观察分析保温箱温度的阶跃响应特性。

④ 根据保温箱温度控制系统的结构框图，引入比例积分微分（PID）控制器，采用 MATLAB/Simulink 建立保温箱温度控制系统的仿真模型，分步骤进行 PID 校正，即分别进行比例（P）控制、比例积分（PI）控制和比例积分微分（PID）控制，整定合适的 PID 控制器参数。

⑤ 分析闭环 PID 控制的保温箱温度控制系统的阶跃响应性能指标，要求所设计的保温箱温度控制系统性能指标如下：

a. 超调量 $\sigma_p\%$：$0\leqslant\sigma_p\%\leqslant15\%$。

b. 调节时间 $t_s$：$t_s<135$ s。

c. 稳态误差 $e_{ss}$：$0\leqslant e_{ss}<2\%$。

（2）设计步骤

1）建立保温箱温度控制系统的结构框图

图 3-3-1 是一种最基本的保温箱温度控制系统的结构框图。由于调节阀的传递函数可以等效为比例环节，温度测量变送环节也可以等效为比例环节，因此大大简化了系统的传递函数。

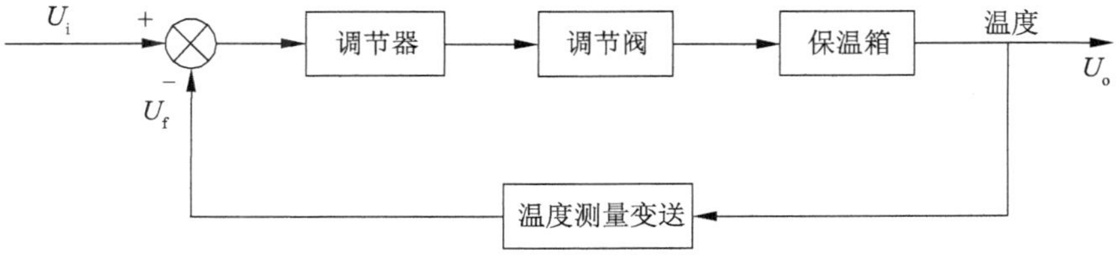


**图 3-3-1　保温箱温度控制系统的结构框图**

2）确定保温箱的开环传递函数

由于保温箱系统的输入和输出的变化规律与到延迟的一阶惯性环节的阶跃响应相似，因此可以将保温箱系统的开环传递函数模型结构等效为

$$G(s)=\frac{K}{Ts+1}e^{-\tau s} \tag{3-3-1}$$

式中:$K$ 为增益系数;$T$ 为过程时间常数;$\tau$ 为纯滞后时间。

确定保温箱系统的开环传递函数后,接着选择合适的仿真参数。表 3-3-1 给出了 4 组保温箱系统参数以供使用。

**表 3-3-1 保温箱系统参数**

| 参数名称 | 数值 1 | 数值 2 | 数值 3 | 数值 4 |
|---|---|---|---|---|
| 增益系数 $K$ | 3. 5 | 4 | 4. 4 | 5 |
| 过程时间常数 $T$/s | 280 | 300 | 340 | 360 |
| 纯滞后时间 $\tau$/s | 15 | 10 | 20 | 25 |

3) 搭建 Simulink 仿真模型

利用 Simulink 搭建保温箱温度控制系统的仿真模型,首先对保温箱系统进行开环分析,得到其阶跃响应特性,然后引入 PID 控制,形成闭环控制系统,设计整定 PID 控制器的参数。保温箱系统参数选择表 3-3-1 中的第 1 组参数,其开环仿真模型如图 3-3-2 所示。

**图 3-3-2 保温箱系统开环仿真模型**

引入 PID 控制器后的保温箱温度控制系统仿真模型如图 3-3-3 所示。

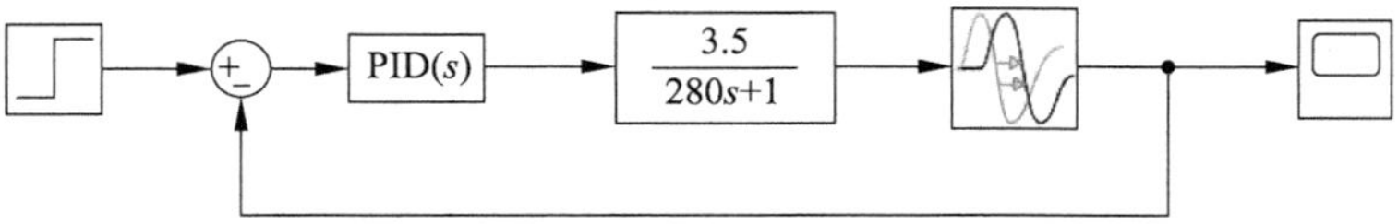


**图 3-3-3 保温箱温度 PID 控制系统仿真模型**

(3) 设计结果分析

根据上述设计步骤和仿真结果分析如下内容:

① 比例环节(P)和积分环节(I)对系统动态性能和稳定性的影响。

② 对比比例(P)控制和比例积分(PI)控制的控制效果。

③ 什么情况下需要添加微分(D)控制。

## 3.4 水箱液位控制系统设计

（1）设计任务

① 运用自动控制原理知识设计水箱液位控制系统的结构框图。

② 根据水箱液位控制的原理图建立数学模型，通过拉普拉斯变换得到水箱的开环传递函数。

③ 采用 MATLAB/Simulink 建立水箱的开环仿真模型，仿真得到其开环阶跃响应曲线，观察分析水箱液位的阶跃响应特性。

④ 根据水箱液位控制系统的结构框图，引入比例积分微分（PID）控制器，采用 MATLAB/Simulink 建立水箱液位控制系统的仿真模型，分步骤进行 PID 校正，即分别进行比例（P）控制、比例积分（PI）控制和比例积分微分（PID）控制，整定合适的 PID 控制器参数。

⑤ 分析闭环 PID 控制的水箱液位控制系统的阶跃响应性能指标，要求所设计的水箱液位控制系统性能指标如下：

a. 超调量 $\sigma_p\%$：$0\leqslant\sigma_p\%\leqslant5\%$。

b. 调节时间 $t_s$：$t_s<10$ s。

c. 稳态误差 $e_{ss}$：$0\leqslant e_{ss}<2\%$。

（2）设计步骤

1）建立水箱液位控制系统的结构框图

在化工生产流程自动控制系统中，有许多问题可归结为水箱系统的液位控制问题。对水箱系统的液位控制问题进行研究，对从事自动控制系统设计的工程技术人员具有很重要的现实意义。图 3-4-1 为水箱液位控制的原理图。图中，水箱入口处阀门通过调节器进行控制，以保持液位恒定；出口处阀门由外部控制，可将其看作一个扰动量。

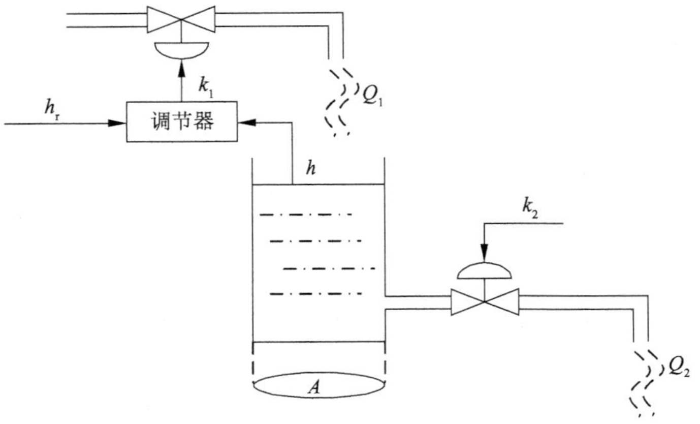


**图 3-4-1　水箱液位控制的原理图**

图 3-4-2 为水箱液位控制系统的结构框图。

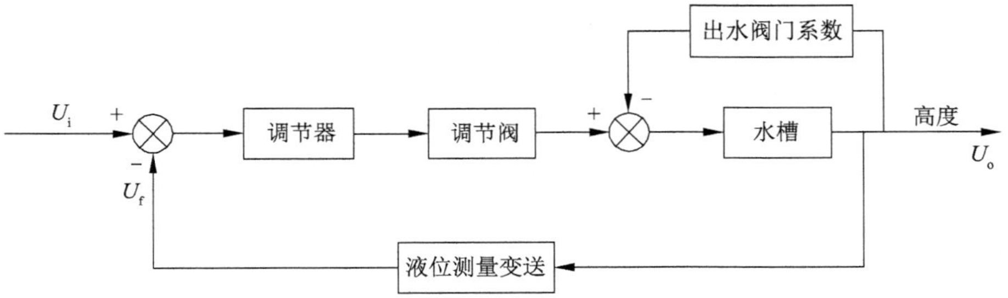


**图 3-4-2　水箱液位控制系统的结构框图**

2）确定水箱的开环传递函数

根据图 3-4-1 对水箱系统建模。图中，$Q_1$ 为流入水箱的流量，$Q_2$ 为流出水箱的流量，$A$ 为水箱截面的面积，$k_1$ 为进水阀门的开度，$k_2$ 为出水阀门的开度，$h$ 为水箱液位的高度，$h_r$ 为水箱液位的目标高度。

假设出水阀门的开度 $k_2$ 不变，系统初始状态稳定，则可列写如下方程式：

$$\begin{cases} \Delta Q_1 - \Delta Q_2 = A\dfrac{\mathrm{d}h}{\mathrm{d}t} \\ \Delta Q_1 = Ku \\ \Delta Q_2 = \dfrac{K}{2\sqrt{h_0}}\Delta h \end{cases} \tag{3-4-1}$$

式中：$K$ 为阀体流量比例系数；$h_0$ 为水箱初始液位高度。

对式(3-4-1)进行拉普拉斯变换可得

$$\begin{cases} Q_1(s)-Q_2(s)=AsH(s) \\ Q_1(s)=KU(s) \\ Q_2(s)=\dfrac{K}{2\sqrt{h_0}}H(s) \end{cases} \tag{3-4-2}$$

根据式(3-4-2)可以构建水箱的开环传递函数方框图,如图 3-4-3 所示。

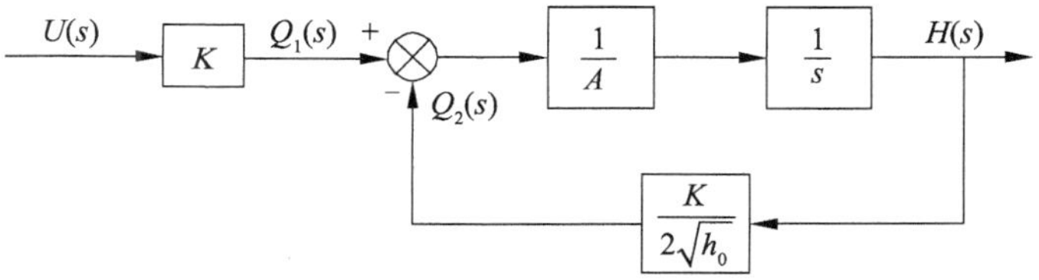


图 3-4-3　水箱的开环传递函数方框图

由图 3-4-3 可得水箱的开环传递函数为

$$G(s)=\frac{H(s)}{U(s)}=\frac{K}{As+\dfrac{K}{2\sqrt{h_0}}} \tag{3-4-3}$$

确定水箱的开环传递函数后,接着选择合适的仿真参数。表 3-4-1 给出了 4 组水箱系统参数以供使用。

表 3-4-1　水箱系统参数

| 参数名称 | 数值 1 | 数值 2 | 数值 3 | 数值 4 |
|---|---|---|---|---|
| 阀体流量比例系数 $K$ | 7.5 | 8.6 | 10 | 11 |
| 水箱初始液位高度 $h_0$/m | 0.8 | 1.31 | 2 | 1.27 |
| 水箱截面面积 $A$/m$^2$ | 6 | 8 | 10 | 12 |
| 扰动量系数 $R$ | 4.16 | 6 | 7.87 | 7.7 |

3）搭建 Simulink 仿真模型

利用 Simulink 搭建水箱液位控制系统的仿真模型,首先对水箱系统进行开环分析,得到其阶跃响应特性,然后引入 PID 控制,形成闭环控制系统,设计整定 PID 控制器的参数。水箱系统参数选择表 3-4-1 中的第 3 组参数,其开环仿真模型如图 3-4-4 所示。

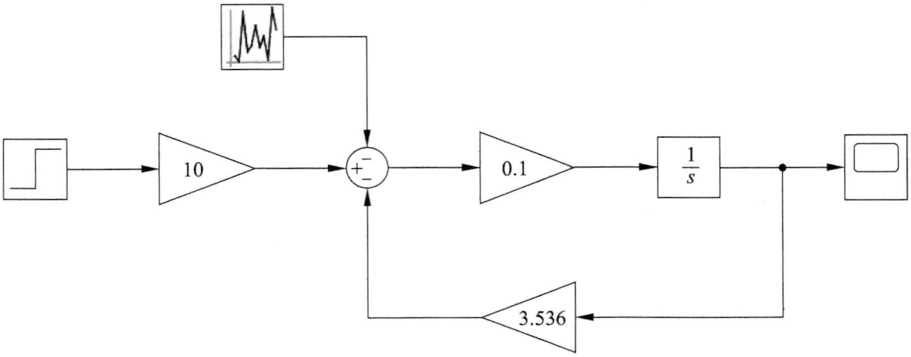


**图 3-4-4　水箱开环仿真模型**

引入 PID 控制器后的水箱液位控制系统仿真模型如图 3-4-5 所示。

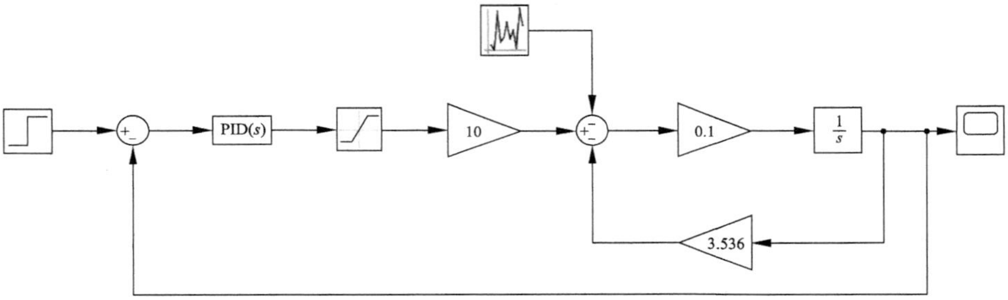


**图 3-4-5　水箱液位 PID 控制系统仿真模型**

(3) 设计结果分析

根据上述设计步骤和仿真结果分析如下内容：

① 比例环节(P)和积分环节(I)对系统动态性能和稳定性的影响。

② 对比比例(P)控制和比例积分(PI)控制的控制效果。

③ 什么情况下需要添加微分(D)控制。

# 参考文献


[1] 朱孝勇,傅海军,等. 控制工程基础[M]. 北京:机械工业出版社,2018.

[2] 刘国海,杨年法. 自动控制原理[M]. 2 版. 北京:机械工业出版社,2018.

[3] 翟晶晶. 自动控制原理实验与课程设计指导书[M]. 北京:中国水利水电出版社,2022.

[4] 熊晓君. 自动控制原理实验教程(硬件模拟与 MATLAB 仿真)[M]. 北京:机械工业出版社,2020.

[5] 姜增如. 自动控制理论创新实验案例教程[M]. 北京:机械工业出版社,2015.

[6] 王素青. 自动控制原理实验与实践[M]. 北京:国防工业出版社,2015.

[7] 李天宁. "自动控制原理"实验教学改革探讨[J]. 电气电子教学学报,2019,41(2):109-113.

[8] 白敬彩,吴君晓,杜志勇. 基于递进式教学法的自动控制原理实验教学改革探索[J]. 教育观察,2021,10(5):100-102,123.

[9] 刘金颂,张庆阳,苏晓峰,等. Matlab 软件在自动控制原理实验中的应用[J]. 实验技术与管理,2014,31(6):138-140,145.

[10] 朱婧,冯国胜,李宏博,等. 基于 Simulink 的无刷直流电机调速系统仿真研究[J]. 电工技术,2022(23):16-18,33.

[11] 杨帅,田益民,郑美俊,等. 基于 PID 的温度控制系统设计[J]. 北京印刷学院学报,2021,29(9):178-182.

[12] 王佳庆,肖忠,王晓刚,等. 基于 Matlab 的水箱液位控制系统实验设计及教学实践[J]. 高教学刊,2020(8):95-97.

# 附录

# 实验原始数据记录表

# 典型环节性能分析实验

## 1. 比例环节

**比例环节测试数据记录表**

| $R_0/\text{k}\Omega$ | $R_1/\text{k}\Omega$ | 输入 $U_i/\text{V}$ | 比例增益 $K$ | |
|---|---|---|---|---|
| | | | 计算值 | 测量值 |
| 200 | 100 | 4 | | |
| | 200 | | | |
| 50 | 100 | 2 | | |
| | 200 | 1 | | |

## 2. 惯性环节

**惯性环节测试数据记录表**

| $R_0/\text{k}\Omega$ | $R_1/\text{k}\Omega$ | $C/\mu\text{F}$ | 输入 $U_i/\text{V}$ | 惯性增益 $K$ | | 惯性时间常数 $T$ | |
|---|---|---|---|---|---|---|---|
| | | | | 计算值 | 测量值 | 计算值 | 测量值 |
| 200 | 200 | 1 | 4 | | | | |
| | | 2 | | | | | |
| 50 | 100 | 1 | 2 | | | | |
| | 200 | | 1 | | | | |

## 3. 积分环节

**积分环节测试数据记录表**

| $R_0/\text{k}\Omega$ | $C/\mu\text{F}$ | 输入 $U_i/\text{V}$ | 积分时间常数 $T$ | |
|---|---|---|---|---|
| | | | 计算值 | 测量值 |
| 500 | 1 | 1 | | |
| | 2 | | | |
| 250 | 1 | | | |
| | 2 | | | |

# 典型二阶系统动态性能和稳定性分析实验

典型二阶系统测试数据记录表

| | | |
|---|---|---|
| $R_x$/kΩ | | |
| $\sigma\%$测量值 | | |
| $T_d$ 测量值/s | | |
| $t_s$ 测量值/s | | |
| $t_s$ 计算值/s | | |
| $\zeta$ 测量值 | | |
| $\zeta$ 计算值 | | |
| $\omega_n$ 测量值/(rad · $s^{-1}$) | | |
| $\omega_n$ 计算值/(rad · $s^{-1}$) | | |

# 典型三阶系统动态性能和稳定性分析实验

### 典型三阶系统测试数据记录表

| $R_x$/kΩ | 超调量 $\sigma$% | 调节时间 $t_s$/s |
| --- | --- | --- |
| | | |
| | | |
| | | |

# 典型环节(或系统)频率特性分析实验

## 1. 一阶惯性环节

**一阶惯性环节频率特性测试数据记录表**

| | |
|---|---|
| 惯性增益 $K$ | |
| 惯性时间常数 $T$/s | |

## 2. 典型二阶系统

**典型二阶系统频率特性测试数据记录表**

| | |
|---|---|
| 开环放大倍数 $K$ | |
| 幅值穿越频率 $\omega_c/(\mathrm{rad} \cdot \mathrm{s}^{-1})$ | |
| 相位裕度 $\gamma/(°)$ | |
| 谐振频率 $\omega_r/(\mathrm{rad} \cdot \mathrm{s}^{-1})$ | |
| 谐振峰值 $L(\omega_r)$ | |
| 阻尼系数 $\zeta$ | |

# 线性系统串联校正实验

## 1. 校正前系统

**校正前系统测试数据记录表**

| 校正前超调量 $\sigma\%$ | 校正前调节时间 $t_s$/s | 校正前峰值时间 $t_p$/s |
| --- | --- | --- |
| | | |

## 2. 校正后系统

**校正后系统测试数据记录表**

| 校正后超调量 $\sigma\%$ | 校正后调节时间 $t_s$/s | 校正后峰值时间 $t_p$/s |
| --- | --- | --- |
| | | |

# 典型非线性环节模拟实验

**各环节非线性特性测试参数表**

| 测量继电特性 | 测量饱和特性 | | 测量死区特性 | | 测量间隙特性 | |
|---|---|---|---|---|---|---|
| 限幅值/V | 限幅值/V | 斜率 | 死区宽度/V | 斜率 | 间隙宽度/V | 斜率 |
| 3.7 | 3.7 | 2 | 2.4 | 1 | 2.4 | 1 |
| 3 | 3 | | 2 | | 1.6 | |
| 2 | 2 | 1 | 1.5 | 2 | 2.4 | 2 |
| 1 | 1 | | 1 | | 1.6 | |

1. 继电特性相平面图

2. 饱和特性相平面图

3. 死区特性相平面图

4. 间隙特性相平面图

# 非线性系统描述函数法实验

继电型非线性三阶控制系统测试数据记录表

| $C(0)$ | 自振频率 $\omega/(\mathrm{rad}\cdot\mathrm{s}^{-1})$ | 自振振幅 $X$ |
|---|---|---|
| | | |
| | | |
| | | |